Sitzungsberichte
der Heidelberger Akademie der Wissenschaften
Mathematisch-naturwissenschaftliche Klasse
Jahrgang 1969/70, 5. Abhandlung

Über „Gurkörperchen"
der menschlichen Lunge

Von

P. J. Beger

Mineralogisches Institut der Technischen Universität, Hannover

(Vorgelegt in der Sitzung vom 15. November 1969 durch W. Doerr)

Springer-Verlag Berlin Heidelberg New York 1970

ISBN-13: 978-3-540-05014-8   e-ISBN-13: 978-3-642-46239-9
DOI: 10.1007/978-3-642-46239-9

Sitzungsberichte der Heidelberger Akademie der Wissenschaften
Mathematisch-naturwissenschaftliche Klasse

Die Jahrgänge bis 1921 einschließlich erschienen im Verlag von Carl Winter, Universitätsbuchhandlung in Heidelberg, die Jahrgänge 1922—1933 im Verlag Walter de Gruyter & Co. in Berlin, die Jahrgänge 1934—1944 bei der Weißschen Universitätsbuchhandlung in Heidelberg. 1945, 1946 und 1947 sind keine Sitzungsberichte erschienen. Ab Jahrgang 1948 erscheinen die „Sitzungsberichte" im Springer-Verlag.

Inhalt des Jahrgangs 1950:

1. W. TROLL und W. RAUH. Das Erstarkungswachstum krautiger Dikotylen, mit besonderer Berücksichtigung der primären Verdickungsvorgänge. DM 13.40.
2. A. MITTASCH. Friedrich Nietzsches Naturbeflissenheit. DM 8.80.
3. W. BOTHE. Theorie des Doppellinsen-β-Spektrometers. DM 1.90.
4. W. GRAEUB. Die semilinearen Abbildungen. DM 7.20.
5. H. STEINWEDEL. Zur Strahlungsrückwirkung in der klassischen Mesonentheorie. — Die klassische Mesondynamik als Fernwirkungstheorie. DM 1.80.
6. B. HACCIUS. Weitere Untersuchungen zum Verständnis der zerstreuten Blattstellungen bei den Dikotylen. DM 6.20.
7. Y. REENPÄÄ. Die Dualität des Verstandes. DM 6.80.
8. PETERSSON. Konstruktion der Modulformen und der zu gewissen Grenzkreisgruppen gehörigen automorphen Formen von positiver reeller Dimension und die vollständige Bestimmung ihrer Fourierkoeffizienten. DM 9.80.

Inhalt des Jahrgangs 1951:

1. A. MITTASCH. Wilhelm Ostwalds Auslösungslehre. DM 11.20.
2. F. G. HOUTERMANS. Über ein neues Verfahren zur Durchführung chemischer Altersbestimmungen nach der Blei-Methode. DM 1.80.
3. W. RAUH und H. REZNIK. Histogenetische Untersuchungen an Blüten- und Infloreszenzachsen sowie der Blütenachsen einiger Rosoideen, I. Teil. DM 10.—.
4. G. BUCHLOH. Symmetrie und Verzweigung der Lebermoose. Ein Beitrag zur Kenntnis ihrer Wuchsformen. DM 10.—.
5. L. KOESTER und H. MAIER-LEIBNITZ. Genaue Zählung von β-Strahlen mit Proportionalzählrohren. DM 2.25.
6. L. HEFFTER. Zur Begründung der Funktionentheorie. DM 2.30.
7. W. BOTHE. Die Streuung von Elektronen in schrägen Folien. DM 2.40.

Inhalt des Jahrgangs 1952:

1. W. RAUH. Vegetationsstudien im Hohen Atlas und dessen Vorland. DM 17.80.
2. E. RODENWALDT. Pest in Venedig 1575—1577. Ein Beitrag zur Frage der Infektkette bei den Pestepidemien West-Europas. DM 28.—.
3. E. NICKEL. Die petrogenetische Stellung der Tromm zwischen Bergsträßer und Böllsteiner Odenwald. DM 20.40.

Inhalt des Jahrgangs 1953/55:

1. Y. REENPÄÄ. Über die Struktur der Sinnesmannigfaltigkeit und der Reizbegriffe. DM 3.50.
2. A. SEYBOLD. Untersuchungen über den Farbwechsel von Blumenblättern, Früchten und Samenschalen. DM 13.90.
3. K. FREUDENBERG und G. SCHUHMACHER. Die Ultraviolett-Absorptionsspektren von künstlichem und natürlichem Lignin sowie von Modellverbindungen. DM 7.20.
4. W. ROELCKE. Über die Wellengleichung bei Grenzkreisgruppen erster Art. DM 24.30.

Inhaltsverzeichnis

Über „Gurkörperchen" der menschlichen Lunge

P. J. BEGER

Mineralogisches Institut der Technischen Universität, Hannover

Mit 36 Abbildungen

I. Entstehungsumstände von Staublungenkörperchen

1. Aufstellung des Begriffs „Gurkörperchen"

Die Bezeichnung „Körperchen" umfaßt einen Allgemeinbegriff. Es gibt mancherlei Körperchen. In dem hier zu erörternden Zusammenhang sind unter Körperchen Gebilde gemeint, die in Staublungen entstehen können, indem gewisse, für die besondere Art der Erkrankung charakteristische Staubteilchen durch Adsorption von körpereigener Substanz umhüllt werden. Bezeichnende Beispiele finden sich in Asbestosis- und Anthrakosislungen. Im ersten Fall adsorbieren Asbestfäden, im zweiten Kohlesplitterchen Substanzen aus der Körperflüssigkeit. Es sind auch andere Staubarten als Kern von Körperchen beschrieben worden. Leider ist es mir nie gelungen, derartiges Untersuchungsmaterial zu bekommen, so daß ich über solche Körperchen nichts auszusagen vermag.

Nun hat M. Nordmann in seiner Arbeit über „die Staublunge der Kieselgurarbeiter" [13] Gurkörperchen und als Sonderart von ihnen Pseudoasbestosiskörperchen beschrieben und benannt. In bezug auf die zweite Gruppe läßt er Vorsicht walten, indem er sich auf eine Stellungnahme beruft, die er von mir erwartet [13]. Ich glaube, mich dieser Aufgabe nicht entziehen zu dürfen. Ich muß sogar zu beiden Gruppen einiges sagen.

Meine an den Asbestosiskörperchen gewonnenen Erfahrungen haben mich zu der Überzeugung gebracht, daß bei den silikotischen Erkrankungen die Kieselsäure in molekular-disperser Lösung den Schaden bewirkt. Diatomeenpanzer sind aus dreifachem Grunde leichter löslich als Quarzstaub: sie bestehen im Naturzustand aus amorpher, daher energiereicherer Kieselsäure; sie zeichnen sich durch die Größe ihrer relativen Oberfläche aus; und sie haben vor allem sehr stark gekrümmte, sonach äußerst aktive Grenzflächen. Daher habe ich schon 1934 die Vermutung ausgesprochen, daß Kieselgur zu schwerer und rapid verlaufender Lungenschädigung führen könne — mit anderen Worten: daß es „Kieselgurlungen" geben müsse ([2] S. 535; [3] S. 1259).

Es ist nicht ganz leicht gewesen, solche Lungen zu finden; doch ist es der wachen Aufmerksamkeit und unermüdlichen Beharrlichkeit des damaligen Landesgewerbearztes K. Nuck gelungen, einige Fälle aufzustöbern. Nuck erklärte mir, die Schwierigkeit habe darin gelegen, daß unter den Arbeitern in den Kieselgurgruben die Gruppe wanderlustiger Gesellen in großer Zahl vertreten sei, die man in der Fachsprache jener Kreise „Monarchen" nennt: selbstherrliche Gestalten, die in ungebundener Autokratie und unbekümmerter Freiheit über sich verfügen und, sowie die Sonne lacht und es sich sonst einigermaßen fügt, ihrem Drange nachgebend zu Hut und Stab greifen und das Weite suchen. Die Gewerbeaufsicht hat das Nachsehen! Nun — eine bedeutende Gesundheitsschädigung ist bei so kurzfristiger Beschäftigung nicht zu befürchten.

Es gibt aber auch seßhaftere Gurarbeiter. An denen kann sich das Schicksal vollziehen, sogar, wie in meinen früheren Veröffentlichungen vorausgesetzt ist, sehr rasch. Nordmann hat sechs Fälle seziert. Davon hat einer nur $1^3/_4$ Jahre im Gurstaub gearbeitet und ist 2 Jahre nach Aufgabe der Beschäftigung verstorben. Bei ihm konnte bereits eine Silikose I. Grades festgestellt werden ([13], S. 139). Bei einem zweiten hat sich die Staubarbeit über 2 Jahre erstreckt; die Zeit nachher bis zum Tode hat 1 Jahr gedauert. Auch hier war schon eine Silikose I. Grades erreicht ([13], S. 137/138). Bei den übrigen vier Fällen waren beide Zeiträume länger, sowohl der der Arbeit im Gurstaub als auch der anschließende bis zum Tode. Dementsprechend war bei ihnen die Silikosis bis zum III. Grade fortgeschritten ([13], S. 146).

Bei allen sechs Fällen hat Nordmann Gebilde gefunden, die er als Gurkörperchen deutet. Er versteht darunter „in Anlehnung an die Asbestosiskörperchen" Objekte, bei denen es sich um „inkrustierte Kieselsäureskelete" handelt ([13], S. 131). Gemeint sind also Diatomeenschalen oder wenigstens Bruchstücke davon als körperfremdes Adsorbens und irgendwelches organisches, körpereigenes Material als einhüllendes Adsorptiv.

2. Allgemeine Bedingungen für Körperchenbildung

Schon lange bevor ich Schnittpräparate von einer Gurlunge in die Hand bekam, fragte Nordmann mich, ob ich die Bildung von Gurkörperchen für möglich hielte. Ich habe mit einem sehr klaren Ja geantwortet. Ich sah die Sachlage folgendermaßen an: Überdenkt man die Umstände ganz allgemein, so erinnert man sich an die längst bekannte Tatsache, daß Kieselsäure, Meerschaum, Kaolin und andere Adsorbentien Euglobulin — überhaupt vielerlei Eiweißkörper adsorbieren. Indes ist die Adsorption ziemlich spezifisch; es kommt weitgehend auf das gegenseitige Verhältnis von Adsorbens und Adsorptiv an ([11], S. 738, 882).

Hier im besonderen Falle kommen Diatomeenpanzer als Adsorbens in Frage. Sie haben mit Asbest und Kohle, den Gerüsten der Asbestosis- und Kohlekörperchen, eines gemein: alle drei sind ausgezeichnete Adsorbentien.

Allerdings bestehen gewisse Unterschiede. Adsorption ist ein Grenzflächenvorgang. Die Oberflächen der Adsorbentien treten dabei auf zweierlei Weise ins Spiel: mit ihrer Größe und ihrer Form. Je größer die Oberfläche, genauer: die auf das Volum bezogene Oberfläche, also die Maßzahl, die als relative Oberfläche bezeichnet wird, desto mehr Fremdstoff kann aufgelagert werden; und je stärker gekrümmt eine Oberfläche ist, desto größer ist ihre wirksame Grenzflächenspannung ([11], z.B. S. 61, 207ff.). Daraus geht hervor, daß bei ein und demselben Stoff die Fähigkeit zu adsorbieren je nach der Oberflächengestaltung sehr wechseln kann.

3. Asbestosiskörperchen als Modellfall

Bei verschiedenartigen Stoffen können noch andere, an den jeweiligen Stoff gebundene Faktoren eine Rolle spielen. Dies ist sehr maßgeblich bei der Entstehung der Asbestosiskörperchen der Fall. Zwar haben auch die zarten Asbestfäden, die als Skelet dienen, eine große Oberfläche. Ich habe früher in Schnitten aus einer Asbestosislunge die Dimensionen von einigen Asbestnadeln gemessen. Die Längen betrugen im Mittel 50 μ, die Durchmesser 0,5 μ ([1], S. 287). Man kann diese Nadeln als Zylinder auffassen. Dann errechnet sich aus den Mittelwerten die relative Oberfläche zu 8 — eine sehr respektable Größe. Im Falle jener Asbestnadeln ist noch bemerkenswert, daß von den gemessenen Exemplaren

71,4 % einen kleineren Durchmesser als 0,5 μ hatten. Das bedeutet ein erhebliches Anwachsen der relativen Oberfläche. Rechnet man mit dem kleinsten gemessenen Durchmesser, 0,2 μ, so kommt man auf eine relative Oberfläche von 20! Es lohnt sicherlich, sich ganz allgemein ein Bild zu machen: Für die relative Oberfläche eines Zylinders bleibt von den Faktoren, aus denen sich der Quotient Oberfläche/Volum berechnet, $2/r$ übrig. Man sieht sofort, wie rasch die Maßzahl der relativen Oberfläche mit abnehmendem Radius r wächst.

Hinzu kommt, daß bei dieser Berechnung der Oberfläche nur die *äußere* Oberfläche erfaßt wird. Die Größe der „inneren Oberfläche" entzieht sich bei den hier in Betracht kommenden Untersuchungen jeglicher Schätzung. Dickere Asbestfäden bestehen aus Paketen von feineren, parallel gelagerten oder verdrillten Fasern; Kohle ist porös; in beiden Fällen ist also auch eine innere Oberfläche vorhanden. So wichtig dies für die Probleme der Capillarchemie ist — durchweg haften Adsorptive nur in dünnen, höchstens etliche μμ messenden Schichten — so wenig tritt die innere Oberfläche bei Staublungenkörperchen in Erscheinung; denn hier müssen die Adsorptivschichten mikroskopisch sichtbare Dicken erreichen, und zwar an der äußeren Oberfläche. Deshalb habe ich oben den Begriff „relative Oberfläche" statt „spezifische Oberfläche" verwendet. Die Maßzahl der relativen Oberfläche ist wenigstens in etlichen Fällen mittels des Mikroskops zu gewinnen.

Stellen mithin die Asbestosiskörperchen ein gut überschaubares Modell für den Einfluß der Oberflächen*größe* auf den Adsorptionseffekt dar, so veranschaulichen sie zugleich sehr eindringlich die Bedeutung der Oberflächen*form*. Th. Fahr, einer der ersten, der Asbestosiskörperchen gesehen und beschrieben hat, spricht von trommelschlegelförmigen Enden [10]. Die kugeligen Anhäufungen von adsorbiertem Eiweiß und Eisenhydroxyd (Abb. 35) sind der sichtbare Erfolg der erhöhten Grenzflächenspannung der spitzen, daher stärkst gekrümmten Nadelenden.

So eindrucksvoll das Bild sein mag, das man sich von der Wirkung der Oberfläche der Asbeststäubchen machen kann — ich halte es trotzdem für unwahrscheinlich, daß dieser Faktor allein genüge, die Bildung so umfangreicher Asbestosiskörperchen zu bewirken. Der Durchmesser der Gelauflagerung längs der Asbestfäden mißt im Mittel 3,5 μ ([1], S. 299). Das ist ein Vielfaches der Dicke der Fäden!

Ich habe zwar bisher auch nur von den durch die Nadelform bedingten Oberflächeneigenschaften als Ursachen der Adsorption der Gelhüllen geredet. Sundius und Bygdén behaupten sogar, „daß die Ursache der Hüllenbildung nicht mit der chemischen Beschaffenheit" — wie ich dargetan habe ([1], S. 340ff.) —, „sondern mit der starren und spitzen Nadelform in Zusammenhang zu bringen ist" ([17], S. 63). Sie sehen als „die primäre Ursache der Körperchenbildung eine durch mechanische Bewegungen verursachte Verwundung" an ([17], S. 63). Beweisgründe dafür bringen sie nicht vor.

Indes: Es gibt Umstände, die erhebliche Bedenken gegen die Annahme wachrufen, einzig die Nadelform genüge, die Entstehung von Asbestosiskörperchen zu bewirken. Da ist zunächst daran zu erinnern: beim Menschen, beim Meerschweinchen bilden sich Asbestosiskörperchen sehr prompt, bei anderen Tierarten nicht, beispielsweise beim Hund [14], beim Haushuhn (persönliche Mitteilung von Gruber) und anderen. Ein von N. Schuster sezierter Hund hat 10 Jahre in einer Asbestfabrik gelebt und ist an schwerer Fibrosis gestorben; aber kein Asbestosiskörperchen fand sich in seiner Lunge, wohl aber massenhaft Asbestnadeln ([14], auch [2], S. 536).

Bleiben wir jedoch bei der menschlichen Lunge! Vor allem ist da bemerkenswert und eindrucksvoll: Obwohl fast allerorten Chrysotil und Hornblendeasbest gemeinsam verarbeitet werden, habe ich in der großen Anzahl von Fällen aus den verschiedensten deutschen und ausländischen Werken nie ein Asbestosiskörperchen mit Hornblendeasbest als Skelet gefunden. In ihrer Form unterscheiden sich die Nädelchen von Hornblende- und Chrysotilasbest kaum. Im Zustand der Grenzflächen ist daher kein ins Gewicht fallender Unterschied zu erwarten. Die Voraussetzungen für die Körperchenbildung scheinen somit auch beim Hornblendeasbest gegeben zu sein; aber die Nadelform, die Grenzflächenbeschaffenheit, vermag in diesem Falle die Entstehung von Körperchen — die Adsorption irgendwelchen Hüllmaterials — nicht zu erzwingen. Die gleiche äußere Gestaltung führt nicht zum gleichen Ergebnis.

Unterschiedlich ist bei beiden Mineralien der *innere* Bau, die Kristallstruktur. Darin kann sehr wohl ein Unterschied im Grenzflächengeschehen begründet sein. Adsorption ist nicht der einzige Grenzflächenvorgang; das Löslichkeitsverhalten gehört ebenfalls hierher. Dieselben Umstände, die im einen Fall die Adsorption begünstigen, erhöhen im anderen Falle die Löslichkeit.

Nachdem es mir selber nie gelungen war, in Asbestosislungen Hornblendenadeln nachzuweisen, einerlei ob „eingehüllt" oder „nackt", habe ich einen meiner früheren Assistenten, Dr. Frhr. Quadt, gebeten, sein Glück zu versuchen. Auch er fand keine. So bleibt nur die Zuflucht zu der Vermutung, im Falle des Hornblendeasbestes führten die Größe der relativen Oberfläche und die infolge der kurzen Radien starke Krümmung der zylindrischen Nadeln zu rascher Auflösung. Man muß ja überhaupt nach einer sinnvollen Antwort auf die Frage suchen: Was wird aus der großen Menge von Mineralstaub, die etwa ein Kohlenbergmann eingeatmet hat, von der aber in der Lunge herzlich wenig zurückbleibt — im Gegensatz zu dem unlöslichen Kohlenstaub?! Wieder kann man an den oben erwähnten Hund denken, den Norah Schuster seziert hat; ich meine: der in seine Lunge gelangte Asbest sei, abgesehen von dem zuletzt eingeatmeten, aufgelöst worden und habe dadurch die schwere Fibrose hervorgerufen.

Des weiteren ist hinsichtlich der Adsorption auffällig, daß bei den Asbestosiskörperchen die Umhüllung der Asbestnadeln keineswegs immer vollständig ist. Sehr häufig sind kleine, kleinste, bisweilen auch größere Nadelteile frei; das Adsorptiv sitzt in getrennten, kugeligen Perlen, oft verschiedensten Durchmessers, in irgendwelchen Abständen von einander auf den Nadeln (z.B. [1], S. 301, Abb. 7) — so, wie die Tautröpfchen an den Spinnwebenfäden hängen; oder, dichter gedrängt, bildet es mehr oder weniger flache Platten ([1], S. 284, Abb. 1 ff.). Das bedeutet: die Grenzflächenspannung des Adsorptivs gegen die Körperflüssigkeit ist größer als die zwischen Asbest und Adsorptiv.

Sonach ist es wenig wahrscheinlich, daß die Adsorption der mächtigen Gelhüllen nur durch die Grenzflächenkräfte bewirkt werde. Leicht verständlich ist hingegen, wie ein so starkes Kraftfeld zustande kommt, das so erhebliche Wirkung zu erzielen vermag.

Chrysotil ist ein leicht zersetzbares Mineral. Schon in destilliertem Wasser, leichter noch und schneller in angesäuertem Milieu, gibt er seine Kationen ab. Dabei bricht nicht das gesamte Kristallgebäude zusammen, sondern das aus aneinandergeketteten SiO_4-Tetraedern aufgebaute Anionengerüst bleibt so gut wie unverändert stehen; es verliert eine Wenigkeit Kieselsäure, weitet sich, leicht verständlich, etwas auf und wird geschmeidig. Das bedeutet: es bleiben Kieselsäurefäden mit einer starken negativen Aufladung zurück. Unter geeigneten Umständen kann man eine schier überraschende Erfahrung von der Größe dieses Kraftfeldes machen: Für optische Untersuchungen habe ich des öfteren ausgelaugte, also der Kationen beraubte, anschließend getrocknete Nädelchen von Chrysotilasbest ausgesucht. Zu diesem Zweck breitete ich eine passende Menge des Mineralstaubes auf schwarzem Glanzpapier aus. Näherte ich mich nun dem Pulver mit einer spitzen Pinzette, so ereignete es sich gar nicht selten, daß, je nachdem ob meine Körperoberfläche gerade negativ oder positiv aufgeladen war, die Nädelchen von der Pinzette wegstoben oder angezogen wurden.

Ein ähnliches Wechselspiel findet bei dem in die Lunge gelangten Chrysotilasbest statt: Die Magnesiumionen werden herausgelöst; die frei gewordenen negativen Ladungen des Kieselsäuregerüstes wirken auf die umgebende Körperflüssigkeit, ziehen positiv aufgeladene Eiweißteilchen an, mögen das nun Kationen oder Zwitterionen oder Dipole sein; so setzen sich Eiweiß und eine geringe Menge Eisenhydroxyd als Gel auf den Asbestfäden ab — ein Asbestosiskörperchen entsteht ([1], S. 341 f.; [4], S. 379 ff.). In dieser wesentlichen Beteiligung der Valenzkräfte liegt die Besonderheit des Adsorptionsvorganges bei der Bildung der Asbestosiskörperchen. Es handelt sich um eine polare Adsorption, und zwar um einen Kationenaustausch. Die erstaunliche Menge des aufgelagerten Adsorptivs einerseits und die überraschend kurze Bildungszeit der Körperchen anderseits — 50 Tage sind schon als ausreichend gefunden worden ([14a, 16a, 12a], auch [1], S. 347, Anm. 11) — beruhen wesentlich auf der Betätigung der Valenzkräfte. Die Grenzflächenwirkung tritt demgegenüber in den Hintergrund.

4. Anthrakosiskörperchen als Modellfall

Ganz anders ist die Sachlage bei den Körperchen mit Kohlekern. Kohle ist chemisch indifferent. Es gibt hier kein elektrostatisches Ungleichgewicht, keinen Zwang zu einem Valenzausgleich. Wirksam zu werden vermögen nur die Restvalenzen der Oberfläche. Die Adsorption ist apolar, also nicht bedacht auf Auswahl von Kationen oder Anionen, sondern beides, auch ganze Moleküle können aufgenommen werden. Dabei reicht die Wirksamkeit des Kraftfeldes nicht sonderlich weit. Bei Kohle kommt es also lediglich auf das Grenzflächengeschehen an.

Bei den einzelnen Kohlestäubchen kann die Oberfläche sehr verschieden sein. Ein einziger Baumstamm schon weist mannigfaltige Texturen auf, Zonen dichteren und lockereren Gefüges, größerer und kleinerer Zellen, dickerer und dünnerer Zellwände. Wieviel mehr gilt das erst für eine ganze Pflanzenart oder gar für verschiedene Arten. Man hat mit größter Mannigfaltigkeit in der Beschaffenheit der Kohlestäubchen zu rechnen; die einen können glatte Bruchflächen haben, die andern rauhe, faserige, zerschlissene; die einen können dicht, die andern sehr porös sein — Kurzum: eine kaum auszudenkende Vielfalt der Oberflächen ist möglich; das Maß der relativen Oberfläche hat einen weiten Spielraum; die Form kann bestimmt sein durch die ganze Spanne von ebenen Flächen geringer Aktivität bis zu hochaktiven Graten und Spitzen.

Der Kohlenstaub steht also in starkem Gegensatz zum Asbeststaub: hier nur Oberflächenwirkung — dort wesentlich Valenzbetätigung; hier große Unterschiedlichkeit der Oberflächen — dort große Einheitlichkeit und Einfachheit.

Es läßt sich — sogar sehr genau — voraussehen, was man bei Anthrakosislungen zu erwarten hat. Beileibe nicht alle Kohlestäubchen werden etwas zu adsorbieren vermögen, sondern nur die Stäubchen mit besonders großer, vor allem scharf profilierter Oberfläche werden dazu imstande sein. Die Hüllen werden schmal sein und nur an steilen Kanten, Spitzen und Zacken etwas an Umfang gewinnen. Im Gegensatz zu den Asbestosiskörperchen wird der Durchmesser des Kernes ein Vielfaches von dem der Hülle aufweisen.

Die Erfahrungen bestätigen diese Vermutungen getreu. John Shaw Dunn, der wohl als erster Körperchen mit Kohlekern gesehen und beschrieben und mir durch eine reichliche Materialsendung zugänglich gemacht hat, vermerkte: „Es gibt durchaus in den Lungen viel mehr schwarzen Staub ohne braune Mischung" (Brief vom February 13th, 1934). Es überwiegt also — eigene Beobachtung bestätigte das — bei weitem der von jeglichem Adsorptiv freie Kohlestaub.

Auch K. Braß verdanken wir wichtige Beobachtungen, die bezeichnend dafür sind, daß das Adsorptionsvermögen der Kohle nicht überwältigend groß ist. Es „bestehen die Hüllen hier anscheinend nur aus Hämosiderin" ([8], S. 499), ohne Beteiligung der großen, schweren, hoch aufgeladenen Eiweißstoffe. Auch werden „die Pigmentmäntel" ... „ausschließlich intraalveolär" gebildet; sie sind ferner „nur intraalveolär längere Zeit beständig";

„beim Übertritt der inkrustierten Staubteilchen in das Interstitium lösen sie sich bald auf, wobei das Eisen in gelöster Form im Gewebe nachweisbar wird" ([8], S. 501). Das alles sind Hinweise darauf, daß das *Adsorptionsvermögen der Rohkohle unter den in der Lunge bestehenden Bedingungen nicht übermäßig groß ist.* Es wiegt schwer, zu wissen, daß die Adsorption beim Übertritt eines Kohlekörperchens aus dem Milieu seiner Bildung in eine andere Umgebung rückläufig wird.

Finden sich in einer Anthrakosislunge schlanke Körperchen mit ungewöhnlich dicker Hülle, womöglich gar mit Hantel- oder Trommelschlegelköpfen, dann wird man genau zusehen müssen, ob es nicht echte Asbestosiskörperchen sind. In gefärbten oder sonstwie chemisch behandelten Schnitten kann die Entscheidung schwierig werden: der Asbestfaden — das Gerüst des Körperchens — adsorbiert allerlei Kationen, auch basische Farbstoffe, sehr begierig und kann dadurch undurchsichtig schwarz werden. Asbeststäubchen aber sind beim gegenwärtigen Stand der Technik fast allgegenwärtig. Man kann daher Asbestosiskörperchen finden, ohne daß die betreffende Person jemals bewußt etwas mit Asbest zu tun gehabt hat.

Auch wird man darauf achten müssen, daß man nicht Beugungserscheinungen mit schmalen Adsorptivrändern verwechselt. Es ist gar nicht so selten, daß Kohleflitterchen von einem Perlenkranz stark leuchtender Beugungskügelchen umgeben sind (Abb. 2, 19 und 24). Die Gefahr ist groß, sie für adsorbierte organische Substanz zu halten. Gelegentlich kann es mühsam werden, den wahren Sachverhalt zu finden. Bei Beugungsscheibchen geht der Farbton mehr ins Grünliche, bei Adsorptiv ist er vorwiegend rötlich braun. Dies mag eine Hilfe sein; entscheidend ist aber erst die Erkennung der beugenden Strukturen.

Man darf übrigens nicht vergessen, daß es sich hier um pflanzliche Rohkohle handelt, deren Adsorptionsvermögen nicht dem sorgfältig präparierter Tierkohle gleichzusetzen ist.

5. Folgerungen für Gurkörperchenbildung

Kieselgur nun, also *Diatomeenschalen,* sind als amorphe Kieselsäure zwar anderen Stoffes wie die Kohle. Sie haben mit dieser jedoch zwei für die Fähigkeit zur Bildung von „Körperchen" wichtige Eigenschaften gemein. Sie stehen elektrostatisch im

Gleichgewicht, gehören also zu den apolaren Adsorbentien. Sie sind demzufolge, genau wie Kohle, nicht von kräftigen Kraftfeldern umgeben, die entgegengesetzt aufgeladene Partikeln anziehen könnten. Das setzt die Aussichten auf starke Adsorption großer Stoffmassen herab. Anderseits haben sie, wie die Kohle, große und bei manchen Arten bizarr geformte Oberflächen. Das sind für das Adsorptionsvermögen förderliche Eigenschaften. Zudem gelten sie an sich in der einschlägigen Technik als ausgezeichnetes Absorbens.

Genau wie bei der Kohle ist mit einer überaus großen Mannigfaltigkeit der Adsorptionsmöglichkeiten zu rechnen. Es gibt reich skulptierte Diatomeen, bei denen die relative Oberfläche sehr groß ist infolge der Vielzahl von Leisten, Graten, Höckern und was sonst für Unregelmäßigkeiten in der Umgrenzung auftreten mögen; darüber hinaus aber bewirken die Spitzen, Zacken, Wülste — allgemein: die Stellen besonders starker Krümmung der Oberfläche, daß die Grenzflächenspannung dort außerordentlich hohe Werte erreichen kann. Umgekehrt kommen sehr schlichte, glatte Diatomeenformen vor. Ihnen wird man, im Gegensatz zu jenen, keine sonderlich große Adsorptionskraft zubilligen dürfen.

So glaubte ich, Nordmanns Frage, ob ich die Bildung von Gurkörperchen für möglich hielte, unbedenklich mit Ja beantworten zu dürfen; denn zwangsläufig ergeben sich aus den Sachverhalten die Folgerungen: Auch bei den in die Lunge gelangten Diatomeen wird man mit „Inkrustationen" — also mit Körperchenbildung — zu rechnen haben. Der Vorgang wird sich nicht nach dem Modell der Asbestosiskörperchen abspielen, sondern nach dem der Körperchen mit Kohlekern. Beteiligung von Eiweiß ist nach dieser Analogie nicht sonderlich wahrscheinlich. Wohl aber könnte an einzelnen Diatomeenarten Hämosiderin als Adsorptiv sogar in mengenmäßig größerem Verhältnis als bei Kohle angelagert werden, zumal sich auch sonst, ohne Mitwirkung von Adsorbentien, die mit diesem Namen bezeichnete Substanz in Form der bekannten Schollen offensichtlich leicht abscheidet. Im übrigen wird bei verschiedenen Diatomeenarten je nach der Größe und Gestaltung der Oberflächen der Panzer ein überaus bunter Wechsel im Ausmaß der Inkrustationen zu erwarten sein. Dabei ist es leicht vorstellbar, daß mit glatten Schalen ausgestattete Diatomeenarten überhaupt nichts zu adsorbieren vermögen, daß also die Adsorptionsfähigkeit, bezogen auf die Körperflüssigkeit, bei einer gewissen Formenausbildung und einer gewissen Mindestgröße der Oberfläche aufhört, wie das bei Kohle offensichtlich auch der Fall ist.

Zu bedenken bleibt bei alledem nur *ein* gewichtiger Unterschied zwischen Kohlenstaub und Kieselgur: Kohle ist in den Körpersäften unlöslich. Diatomeenpanzer hingegen müssen, wie bereits erwähnt, Lösungsmitteln gegenüber aus denselben drei Gründen sehr anfällig sein, aus denen sie das Adsorptionsvermögen begünstigen können: sie bestehen aus amorpher Kieselsäure, also aus der energiereichsten und daher leichtest löslichen Modifikation der Kieselsäure; sie haben eine große relative Oberfläche; sie sind schließlich mit sehr sinnvollen „Verzierungen" geschmückt: scharfen Graten als Versteifungen des Gehäuses und mit mancherlei anderen stark gekrümmten Aggregaten. Zum stofflichen Zustand tritt sonach eine überaus aktive Grenzfläche. Sie kann zur Adsorption führen; sie kann aber ebensogut der leichten Löslichkeit das Übergewicht geben, mit der die hier vorliegende Modifikation der Kieselsäure belastet ist, und sonach rasche Auflösung bewirken. Es wird auf einen Wettlauf zwischen Adsorption und Löslichkeit hinauskommen. Welcher Vorgang den Sieg erringt, läßt sich nicht voraussehen. Darüber müssen die Beobachtungen entscheiden.

Man erwägt natürlich sofort die Möglichkeit einer experimentellen Prüfung. Beintker [6] hat Kaninchen Kieselgurstaub ausgesetzt. Über die Bildung von Gurkörperchen berichtet er nichts. Auch ich habe in den Präparaten, die er mir in der ersten Hälfte der dreißiger Jahre zusandte, nichts dergleichen gesehen, sondern nur Unmengen nackter Diatomeenpanzer. Freilich sagt ein Versuch mit nur *einer* Tierart nichts Bindendes aus über die Möglichkeiten, die bei anderen Tierarten oder beim Menschen bestehen.

II. Beobachtungen betreffend Gurkörperchen

1. Nordmanns Beschreibung der Gurkörperchen und Anmerkungen dazu

Nordmann hat bei allen sechs Fällen, die er damals seziert hat, Gebilde gefunden, die er als Gurkörperchen deutet. Freilich: „Sehr große Schwierigkeiten hat uns aber die nächste Gruppe mikroskopischer Befunde gemacht, nämlich die sog. ‚eingehüllten' Kieselgure" [13]. Nach seiner Beschreibung faßt Nordmann offenbar sehr Verschiedenartiges unter diesen „eingehüllten Guren" zusammen, für die er die Bezeichnung Gurkörperchen wählt. Er schildert sie als „von oben betrachtete Blüten mit 3 oder 4 Blütenblättern und einem Stempel in der Mitte oder zerteilte Torten"; ferner als „braune Schollen oder runde Gebilde von bräunlicher Farbe, die nicht ständig eine positive Eisenreaktion gaben, in konzentrischen Ringen geschichtet sind und eine wechselnd starke Lichtbrechung haben. Solche Gebilde kamen so zahlreich innerhalb von Lungenschwielen vor, daß sie sofort als etwas Ungewöhnliches in den Präparaten auffielen und auch zunächst der einzige Anhaltspunkt der Besonderheiten dieser Lungen war. Wir haben von vornherein in ihnen inkrustierte Kieselsäureskelete vermutet" ([13], S. 131).

Bemerkenswert ist hierbei, daß Diatomeen oder wenigstens Bruckstücke davon nur *vermutet*, nicht beobachtet worden sind. Nach den optischen Gegebenheiten müßte man in Gurkörperchen das Diatomeenmaterial und das darauf befindliche Adsorptiv mühelos unterscheiden können. Kieselgel hat einen extrem niedrigen Brechungsquotienten, in Form des Opals um 1,45; dem körpereigenen Material kommt viel höhere Lichtbrechung zu; für die eisenhaltige Hülle der Asbestosiskörperchen habe ich in einer rohen Prüfung gefunden $1{,}736 > n > 1{,}659$; für das eisenfreie Eiweiß ergab eine sorgfältige Messung $n = 1{,}551$. Dieses Brechungsvermögen haben auch kurz mit Salzsäure behandelte und dadurch enteisene Blutkörperchen; im Normalzustand ist es infolge des Eisengehaltes wesentlich höher ([4], S. 353, 355). Auch das Hämosiderin der Körperchen mit Kohlekern hat hohes Lichtbrechungsvermögen. Zu diesen Unterschieden, die die optische Auseinanderhaltung beider Bauelemente etwaiger Gurkörperchen mit Sicherheit gewährleisten würden, kommen noch die Unterschiede in der Lichtabsorption hinzu: das Kieselgel der Diatomeenschalen läßt sämtliche Wellenlängen des sichtbaren Spektrums hindurch, es bleibt also farblos; die eisenhaltigen organischen Massen von Hämosiderin oder dergleichen absorbieren breite Teile des Spektrums und erscheinen daher farbig, bräunlich, grünlich, ja sogar völlig schwarz. Das eingelagerte Diatomeenskelett eines Gurkörperchens müßte sich notwendig durch den Lichtbrechungsunterschied, möglicherweise auch durch eine Farbaufhellung in der Hülle bemerkbar machen. Beim Heben und Senken des Tubus müßte in organische Substanz eingebettetes Diatomeenmaterial zwischen dunkel und hell wechseln, es sei denn, das organische

Material absorbiere sämtliches Licht. Fehlt eines von beiden, das Skelet oder die Hülle, so handelt es sich freilich schon definitionsgemäß um kein Körperchen.

Nordmann schildert weiter Beobachtungen, von denen man meinen könnte, sie seien beweiskräftig. Er hat Gebilde gesehen, „in denen nur Teile der Kieselgur bedeckt waren, während andere, insbesondere die Zähne der Kämme, in eindeutiger Lichtbrechung am Rande hervorschauten" ([13], S. 131/132). An anderer Stelle bezeichnet Nordmann allerdings das Brechungsvermögen als „starke Lichtbrechung, die höher war als die des umgebenden Mediums" ([13], S. 129). Das paßt nicht zu Diatomeen. In Abb. 4 seiner Arbeit hat er Beispiele gezeichnet. Da sind jeweilen große Flächen von Adsorptiv bedeckt, Spitzen und Zacken hingegen, also die stärkst gekrümmten Bauelemente mit der höchsten Grenzflächenspannung, sind frei. Das verträgt sich nicht mit den Grundsätzen der Capillarchemie. Solche spitzige, scharfkantige Formelemente müßten entweder bevorzugt Adsorptiv tragen, oder sie müßten längst weggelöst sein. Wer offenen Auges und zur rechten Zeit durch Wiesen und Wald gegangen ist, hat sicherlich gesehen, daß sich der Tau — und noch eindrucksvoller der Rauhreif — anfangs nur an den scharfen Rändern der Blätter und Gräser absetzt und, wenn überhaupt, erst nachher über die Blätter ausbreitet — eine sehr sinnfällige Demonstration der Wirkung der Grenzflächenbeschaffenheit.

Zutreffend hat Nordmann selbst beobachtet und beschrieben, daß die Dornen, Leisten, Grate der Diatomeen in erster Linie der Auflösung anheimfallen, z.B.: „außerordentlich viele solcher Stückchen sehen aber wie angenagt aus. Die Kämme und Zapfen sind unvollständig, ungleichmäßig und am Rande wie abgeschmolzen" ([13], S. 138).

Was also gilt: Adsorption oder Auflösung?

Man kann eine Stellungnahme nicht mit Erwägungen begründen, die aus der Theorie hervorgehen. Nordmann, nach meinem Dafürhalten ein sorgfältiger Beobachter, hat zweifellos das gesehen, was er beschreibt. Fraglich allein kann sein, ob die Deutung den Kern der Erscheinung trifft. Eine Nachprüfung war unumgänglich.

Nordmann hat mir von dem *einen* Fall: P-317/41, eine umfangreiche Serie von Schnitten geschickt. Es handelt sich um einen Kieselgurarbeiter, der im Vergleich zu den anderen Fällen eine mittlere Arbeitszeit hinter sich hatte, und bei dem der Zeitabstand zwischen Beendung der Staubarbeit und Tod am größten war: 7 Jahre gemäß Nordmanns Tabelle 2 ([13], S. 146); in der Berufsanamnese sind 9 Jahre angegeben ([13], S. 121).

2. Eigenes vergebliches Suchen nach Gurkörperchen

In monatelangem unermüdlichem, immer wiederholtem Bemühen habe ich in diesen Schnitten nach Gurkörperchen gesucht, gespäht — ohne Erfolg. Nicht ein einziges Objekt habe ich ge-

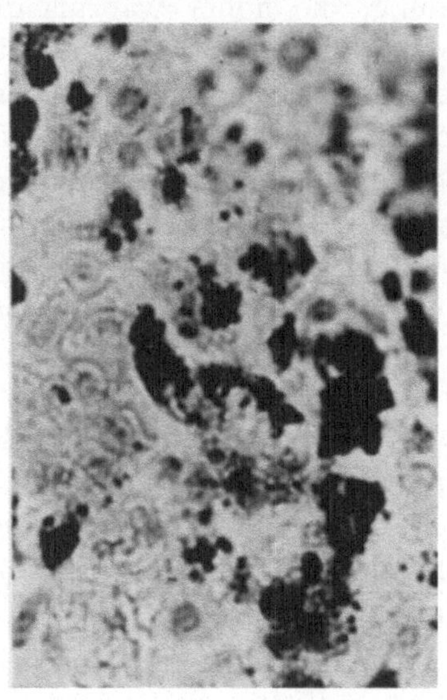

Abb. 1. Lungenschnitt, Fall P-317/41. Wahllos eingestellte Übersicht. Abb.-Maßstab: Original 390:1, nachvergrößert auf 825:1. In reicher Menge sind dunkle Partikeln von auffällig unregelmäßiger Form vorhanden. Manche sind auch löcherig. Daneben kommen viele winzige kugelige Gebilde vor

funden, in dem innerhalb einer Hüllmasse eine Diatomeenspur zu erkennen gewesen wäre. Für das mir zur Verfügung stehende Beobachtungsmaterial muß ich die Anwesenheit von Gurkörperchen — im Sinne von Nordmanns Definition dieses Begriffes — ausschließen. Hierzu sei aber sogleich vermerkt, daß ich mir in der Beurteilung und damit zugleich in der Beobachtung solcher Dinge Zurückhaltung auferlegt habe, die zwar braun oder sonstwie dunkelfarbig aussahen, aber eben keine Diatomeenreste enthielten. Nordmann ermahnt: „Bei der Nachprüfung solcher Befunde sei gewarnt vor einer ganzen Menge von Befunden, die wegen Farbe und Gestalt in Verdacht kommen, ebenfalls mit der Kieselgur etwas zu tun zu haben, die aber auf alle mögliche Weise *ante et post mortem* entstanden sein dürften. Dem geübten Morphologen werden sie von anderen Präparaten her bekannt sein und keine Schwierigkeiten bereiten" ([13], S. 132). Als Mineraloge habe ich es in Beherzigung dieser Warnung ursprünglich vorgezogen, mich nicht bei Objekten aufzuhalten, die mit Kieselgur nichts zu tun haben. Was ich an solchem weit verbreiteten Staub in den Schnitten sah, machte auf mich genau denselben Eindruck wie die sonst übliche „kohlige Substanz", also vornehmlich eingeatmeter Ruß; allerdings waren die Partikeln in der überwiegenden Mehrheit merkwürdig zackig und buchtig. Allesamt hatten sie nichts von der Fülle nach innen gebrochenen Lichtes, wie es den Gelhüllen der Asbestosiskörperchen oder den Hüllen der Körperchen mit Kohlekern eigen ist. Ich ahnte nicht, daß ich es mit ihnen noch sehr zu tun bekommen würde. Abb. 1 mag einen ersten Eindruck von diesen Staubmassen geben. Deutlich gewahrt man die buchtigen, zackenreichen, mit spießigen und warzigen Ausstülpungen besetzten Umrandungen, löcherige Schollen, viele winzige kreis-, richtiger kugelrunde Teilchen — einige davon in überaus auffälliger Anordnung; doch mag darauf erst später eingegangen werden.

III. Die Auflösung der Diatomeen in der Lunge

1. Fast restlose Auflösung bei den „langfristigen Fällen"

Blieb es mir versagt, Gurkörperchen aufzuspüren, so fand ich doch, zwar selten genug, *Diatomeenreste*. Nicht in jedem Schnitt waren welche vorhanden, und stets handelte es sich nur um kümmerliche Lösungsrückstände. In diesem Punkte befinde ich mich mit Nordmann in vollkommener Übereinstimmung. Seine Beobachtungen sind nicht nur für die Beurteilung der Frage nach der Existenzmöglichkeit von Gurkörperchen bedeutsam, sondern sie werfen auch Licht auf den Vorgang der silikotischen Erkrankung. Es sei ihnen daher hier einiger Raum zugebilligt.

Von den beiden Fällen seiner I. Untersuchungsreihe, bei denen der zeitliche Zwischenraum zwischen letzter Staubarbeit und Tod lang war, und von denen der eine mir vorgelegen hat, berichtet Nordmann, daß „Trümmer der Kieselgur" ([13], S. 130) aufzufinden waren, wenn auch „erst nach sehr mühseliger Untersuchung" ([13], S. 125) und „nur in sehr spärlicher Weise" ([13], S. 124).

„Sie machten einen angenagten Eindruck, so daß man Auflösungs-
erscheinungen an ihnen geradezu zu sehen glaubt" ([13], S. 130).
„Ihre Auffindung war sehr mühsam, denn in der üblichen Schnitt-
größe unserer anatomischen Präparate befanden sich jeweils nur
2—3 solcher Figuren" ([13], S. 129).

Diese Mengenangabe ist aufschlußreich. Ich halte es für wün-
schenswert, eine deutlichere Vorstellung des Zahlenverhältnisses
zu vermitteln. Nordmann hat mir von denselben Schnittserien, die
er für sich anfertigen ließ, zahlreiche Präparate abgegeben. Von
fünf Schnitten aus verschiedenen Blöcken habe ich den Flächen-
inhalt planimetrisch ermittelt. Er beträgt in mm²: 260, 251, 210,
167, 241 — im Mittel also 2,26 cm². Auf 1 cm² Schnittfläche kommt
demnach nur 1, genau gerechnet 1,10 Diatomeenrest. Nach meiner
Erfahrung möchte ich einschränkend sagen: *höchstens* 1 Diatomeenrest; denn in einigen Schnitten vermißte ich jegliche Diatomeenspur.

2. *Schätzung des Diatomeenbestandes bei den „kurzfristigen Fällen"*

Ganz anders sieht es aus bei den beiden „kurzzeitigen Fällen"
von Nordmanns zweiter Untersuchungsreihe, bei denen die Arbeitszeit im Gurbetriebe rund 2 Jahre, der Zeitraum zwischen Ende der
Staubarbeit und Tod nur 1 und 2 Jahre betrug. „Die mikroskopische Untersuchung mit den stärksten Mitteln der Auflösung
ergab eine Unmenge von Kieselgurbestandteilen, die so dicht angeordnet waren, daß man in jedem Gesichtsfeld ... mehrere solche
Teilchen entdecken konnte. Von diesen Kieselgurbestandteilen
ist eine Reihe etwa in der Form vorhanden, wie man sie auch bei
der Mikroskopie des pulverisierten Rohmaterials wahrnimmt.
... Außerordentlich viel solcher Stückchen sehen aber wie angenagt
aus. Die Kämme und Zapfen sind unvollständig, ungleichmäßig
und am Rande wie abgeschmolzen. Von diesen Gebilden führt
eine ganze Kette von Zwischenbefunden bis zu jenen einfachen
Formen, die wir auch in unsern ersten langjährigen Fällen als
Trümmer der Kieselgur betrachtet haben" ([13], S. 138).

Es ist bemerkenswert: die ersten Krankheitserscheinungen
wurden schon im zweiten Jahre nach Beginn der Arbeit im Gurbetriebe festgestellt. Zu dieser Zeit muß sich also bereits viel
Kieselsäure gelöst haben. Tatsächlich ergab sich bei der Autopsie
— also 3 bzw. 4 Jahre nach Beginn der Staubarbeit, daß die Auflösung der zuerst eingeatmeten Diatomeenpanzer so weit fort-

geschritten war wie bei jenen oben beschriebenen Lösungsendzuständen der „langzeitigen Fälle" ([13], S. 121).

Auch hier wäre es nützlich, zu einer anschaulichen Vorstellung über die Menge der Kieselgurteilchen zu gelangen, doch muß man dabei eine weite Unsicherheitsgrenze in Kauf nehmen. „Mit den stärksten Mitteln der Auflösung" fand Nordmann „in jedem Gesichtsfeld ... mehrere solche Teilchen". Über die Größe des Gesichtsfeldes ist nichts angegeben, auch nicht über die zu den Beobachtungen verwendete Optik. Doch kann man trotzdem zu einem leidlich brauchbaren Bild kommen, wenn man sich erinnert, daß der in die Objektebene projizierte Durchmesser des Sehfeldes, in mm gemessen, gegeben ist als Quotient der Sehfeldzahl des Okulars dividiert durch die Einzelvergrößerung des Objektivs.

Man darf annehmen, daß als „Mittel stärkster Auflösung" zu einer homogenen Ölimmersion gegriffen worden ist. Deren Einzelvergrößerungen liegen für die üblichen, an gewöhnlichen Mikroskopen verwendeten $^1/_{12}$-zölligen Systeme bei 100×. Soweit erscheint die Sachlage klar. Eine ernste Unsicherheit wird hereingetragen durch die Unkenntnis über die optischen Daten des verwendeten Okulars. Es bleibt nur übrig, einige Berechnungen zur Wahl zu stellen, bei denen die Okularmaßzahlen einem Katalog von Zeiss entnommen sind. So ergab sich folgende Tabelle 1:

Tabelle 1. *Berechnung der in 1 cm² Schnittfläche anzunehmenden Anzahl von Teilchen bei Einsatz verschiedener Okulare*

Einzelvergrößerung des		Sehfeldzahl des Okulars	Flächeninhalt des Sehfeldes in mm²	Anzahl der Gurteilchen	
Objektivs	Okulars			Sehfeld	cm²
100 ×	6,3 ×	18	0,025	1	4 000
100 ×	10 ×	16	0,020	1	5 000
100 ×	12,5 ×	12,5	0,012	1	8 500
100 ×	16 ×	10	0,008	1	12 500
100 ×	20 ×	8	0,005	1	20 000
100 ×	25 ×	6,3	0,003	1	33 500

Die Tabelle 1 zeigt, was man aus der Erfahrung sattsam kennt: Der Einfluß des Okulars ist sehr groß; auf die Wahl, zu der man sich entschließt, kommt es in hohem Maße an. Zwar wird das Auflösungsvermögen durch das Objektiv gewährleistet; doch muß das vom Objektiv gezeichnete Bild durch das Okular so weit vergrößert werden, daß der Winkel, unter dem die Struktureinzelheiten erscheinen, den kleinsten Sehwinkel um einen angemessenen Betrag überschreitet. Damit kommt auch das Okular zu einem Anteil als Hilfsmittel „stärkster Auflösung". Es fragt sich nur, wie hoch der Mikroskopiker seinen Anspruch stellt. Als theoretisch wohlbegründete Faustregel für die nutzbare Gesamtvergrößerung gilt, daß sie innerhalb der Grenzen des 500- und 1000fachen der num. Apertur des Objektivs liegen soll. Die num. Apertur von Ölimmersionen mit 100facher Einzelvergrößerung liegt in der Gegend von 1,3. Demnach genügt ein Okular mit der Einzelvergrößerung 6,5×, um die untere Grenze der nutzbaren Gesamtvergrößerung zu erreichen, und eines mit der Einzelvergrößerung 13× führt an die obere Grenze. Das Zeisssche 12,5fache würde dafür in Betracht kommen. Nun ist es aber bei dem mühseligen Suchen nach so zarten und kleinen Objekten, wie sie Diatomeenbruchstücke und -überbleibsel in den Lungenschnitten darstellen, für die Augen weniger anstrengend und ermüdend, wenn der Mikroskopiker, leere Vergrößerungen in Kauf nehmend, zu einem Okular mit stärkerer Einzelvergrößerung greift. Es kommt in diesem Falle nicht darauf an, das Teilchen in der bestmöglichen Abbildung zu sehen, sondern es *überhaupt* zu sehen und nicht zu übersehen. Ich habe mich bei meiner Durchsuchung der Schnitte für eine 20fache Einzelvergrößerung entschieden. Doch sage ich das nur, um einen Anhalt zu geben, wie die Wahrscheinlichkeit zu beurteilen ist, mit welcher Teilchenmenge man für eine Fläche von 1 cm² Lungenschnitt zu rechnen hat. Es ist dabei durchaus unwichtig, ob es etliche Tausend mehr oder weniger sind, ist doch schon unsicher, was Nordmann unter „mehrere Teilchen" ... „in jedem Gesichtsfeld" meint. Sie waren „dicht angeordnet". Mithin scheint es eher zu niedrig als zu hoch gegriffen, wenn man auf durchschnittlich 3 in einem Gesichtsfeld schätzt. Das gäbe, Benutzung eines 12,5fachen Okulars vorausgesetzt, auf 1 cm² 25 000 Teilchen. 1 Teilchen mehr oder weniger im Sehfeld würde eine Differenz von ∓8500 Teilchen im Quadratzentimeter ausmachen. Ein Blick auf die Tabelle 1 zeigt, daß bei Benutzung stärkerer Okulare viel größere Teilchenmengen zu veranschlagen wären. Zu berücksichtigen ist bei der Schätzung überdies, daß die Staubteilchen in der Lunge nicht gleichmäßig verteilt sind.

Es genügt daher, sich zu vergegenwärtigen, daß man bei diesen „kurzfristigen Fällen" der II. Reihe auf 1 cm² Schnittfläche mit einer Anzahl von Diatomeenfragmenten in der Größenordnung von $n \cdot 10^4$ zu rechnen hat, wobei n leicht auf mehr als 3 ansteigen kann.

Zehntausende von Teilchen auf einem Quadratzentimeter Lungenfläche — das mag unwahrscheinlich klingen. Indes: möchte man sich das entworfene Bild noch schärfer konturieren, sich seiner Sachtreue versichern, so kann man noch anders rechnen: Wieviel Raum von 1 cm² bedecken 10000 in die Lunge geratene Staubteilchen? Das läßt sich leicht überschlagen. Die Meinung ist verbreitet, 5 μ sei die oberste Grenze für den Durchmesser von ,,lungengängigen'' Partikeln. Ob das so genau stimmt, darf hier unerörtert bleiben. Nimmt man an, es handle sich um isometrische Stäubchen, so kann man Quadrate als Grenzflächen setzen. Dann käme einer Partikel eine Auflagefläche von 0,000025 mm² zu; 10000 Teilchen würden den Raum von 0,25 mm² bedecken; 40000 fänden auf einem hundertstel Quadratzentimeter Platz! Nähme man Kugelform an, so ließen sich gut und gern weitere 10000 darauf unterbringen. Zu berücksichtigen ist dabei, daß es sich bei der Rechnung um maximal große Teilchen handelt. Soweit meine Erfahrung reicht, liegt nur etwa ein Viertel der Teilchenanzahl oberhalb der Durchschnittsgröße, drei Viertel liegen darunter. — Nordmann hat ,,eine Unmenge von Kieselgurbestandteilen'', ,,dicht angeordnet'' ([13], S. 138), beobachtet. Die hier angenommene Größenordnung von $n \cdot 10^4$ dürfte durchaus innerhalb der Grenzen der Wahrscheinlichkeit liegen.

Man kommt damit auf Mengen, die der Häufung der Asbestnadeln in Asbestosislungen vergleichbar sind und dadurch an Wahrscheinlichkeit gewinnen mögen. Für den von mir zuerst bearbeiteten Hannoverschen Asbestosisfall St. errechnen sich aus allerdings nur 6 Gesichtsfeldern von je 0,09 mm² Größe für 1 cm² Lungenschnitt rund 1500 Asbestnadeln, 8500 gestreckte und 10000 rundliche Asbestosiskörperchen. Das gibt insgesamt 20000 Asbestteilchen für 1 cm² Schnittfläche ([1], S. 330). Bei dem ,,Fall Bochum'' würde sich eine noch höhere Zahl ergeben. Dadurch verdichtet sich der Eindruck, daß bei Nordmanns II. Beobachtungsreihe die Anzahl der Kieselgurteilchen auf dem cm² Schnittfläche einige Zehntausende betragen kann.

3. Vergleich beider Gruppen

Demgegenüber vermochte man bei den ,,langfristigen Fällen'' der I. Reihe, bei denen zwischen Aufgabe der Arbeit im Kieselgur-

betriebe und Tod 5 und mehr Jahre liegen, im Durchschnitt in
1 cm² Schnittfläche höchstens einen einzigen, zudem recht unansehnlichen Diatomeenrest zu entdecken. Das sind, verglichen
mit der Staubmenge bei den „kurzfristigen Fällen" von 1 bis
2 Jahren Zwischenraum zwischen letzter Staubbeatmung und Tod
nur 10^{-2} %. Noch drastischer wirkt dies Verhältnis, wenn man
bedenkt, daß es sich um Teilchen*anzahlen* handelt. Bei den „kurzfristigen Fällen" ist die ganze Reihe vorhanden von den vergleichsweise schweren, noch ziemlich intakten, in der letzten Arbeitszeit
eingeatmeten Diatomeenpanzern bis zu den kargen Resten aus der
früheren Arbeitszeit. Bei den „langfristigen Fällen" sind es nur
noch die bescheidenen, oft bis zur Unkenntlichkeit korrodierten,
leicht gewordenen Überbleibsel. Der *Gewichts*prozentsatz dieses
wenigen, der Auflösung entgangenen Kieselgels würde infolgedessen
weit niedriger ausfallen.

Sonach vermitteln die Kieselgurlungen ein eindrucksvolles,
überzeugendes Bild von der Geschwindigkeit und Gründlichkeit
der Auflösung der Kieselsäure der Diatomeen durch die Körperflüssigkeit. Auch Nordmann zog aus seinen Beobachtungen den
Schluß, „daß die Kieselgur ziemlich rasch abgebaut wird und im
Laufe von 7 Jahren und mehr völlig verschwindet" ([13], S. 147).
Es wird nicht leicht sein, bei anderen Staubarten, die Silikosis
verursachen, zu ähnlich genauen und zuverlässigen Angaben über
das Verschwinden der Kieselsäure zu gelangen.

Im Überblick sieht sich das Bild, das sich ergibt, ungefähr
folgendermaßen an: Nach 2jähriger Arbeit im Gurstaub finden
sich etliche Zehntausende von Diatomeenresten auf einem Quadratzentimeter Lungenfläche. Ein Teil davon ist schon nach 3 Jahren
(Fall J. 452/41) bis nahezu zur Unkenntlichkeit aufgelöst. Man
darf folgern, daß frühzeitig eingeatmete Diatomeenschalen bereits
vollständig weggelöst sind. Das spricht dafür, daß auch trotz
langer Beschäftigungsdauer die Staubmasse in der Lunge nicht
ins Unmeßbare angehäuft wird, sondern daß sich ein Niveau ein-
stellt. Je nach der Staubzufuhr wird es schwanken; aber im ganzen
werden sich Auflösung und Zufuhr nach einer Anlaufzeit annähernd
die Waage halten. Die gelöste Kieselsäure beginnt sofort, ihre
schädigende Wirkung auszuüben; schon im zweiten Jahre nach
Aufnahme der Arbeit im Gurbetriebe kann Silikosis I. Grades
erreicht sein (Fälle K. 451/41 und J. 452/41). Nach Aufgabe dieser
Arbeit bedarf es kaum mehr als des Zeitraumes eines halben Jahr-

zehntes zur nahezu restlosen Auflösung jener Zehntausende von Diatomeenstäubchen, die damals auf jedem Quadratzentimeter Lungenfläche vorhanden waren. Nur mühsam lassen sich Spuren auffinden, der Anzahl nach nur Hundertstel Prozent der ursprünglichen Menge, dem Gewicht nach noch weniger.

4. Experimentelle Ergebnisse und Ausblick auf Quarzsilikosen

Die hier gewonnenen Größenordnungen für Zahl und Zeit gelten für Kieselsäure in Form von Diatomeenpanzern; das will sagen: für eine Modifikation der Kieselsäure, die nicht nur infolge ihres amorphen Zustandes, sondern mehr noch wegen ihrer Gestaltung relativ leicht löslich ist. Es ist hierbei freilich zu bedenken, daß die Arbeiter nicht ausschließlich dem Staub der Rohgur ausgesetzt sind, sondern sicherlich ebenso dem Staub kalzinierter Gur; beim Brennen aber *kann* die Opalsubstanz der Diatomeenschalen in kristallisierte Kieselsäure übergehen. Doch bleibt als Wesentlichstes die Grenzflächenform und damit die hohe Grenzflächenspannung erhalten. Weitaus die Mehrzahl der Silikosen wird durch Quarzstaub verursacht. Quarz ist kristallisierte Kieselsäure, also eine energieärmere Modifikation und daher schwerer löslich. Hinzu kommt, daß die relative Oberfläche der Quarzsplitterchen nicht sonderlich groß ist, verglichen mit den Diatomeenpanzern. Die Auflösung von Quarzstaub in der Lunge wird demnach weniger rapid vonstatten gehen, wie sie auch im Experiment langsamer abläuft. Es liegt eine ganze Anzahl von Daten über die Löslichkeit einiger Kieselsäuremodifikationen vor. Söffge [15] hat sie fleißig zusammengetragen und vermehrt. Es dürfte nützlich sein, einige seiner Arbeit entnommene Angaben als Beispiele einzuschalten (Tabellen 2—4).

Es soll hier das Löslichkeitsverhalten der Kieselsäuremodifikationen nicht in aller Breite und Tiefe ausgelotet werden; es genüge ein Blick über die Tabellen. Sandflächen, Sandsteine, Kieselgurlager, Polierschiefer und dergleichen Quarzgesteine halten sich ohne dem Auge erkennbare Veränderung durch die langen geologischen Zeiträume, die Unlöslichkeit ihres aus Kieselsäure bestehenden Materiales dokumentierend. Dennoch teilen die Kieselmineralien, wie die Tabellen lehren, das Schicksal alles „in Wasser unlöslichen" Materials: in genügend feiner Zerkleinerung verfallen auch sie der Auflösung. Die hohe Aktivität der stark gekrümmten

Tabelle 2. *Experimentell ermittelte Werte für die Löslichkeit von Kieselgel in destilliertem Wasser*

Versuchsdauer	Temperatur	Gelöste Menge SiO_2 in mg/l	Autor
2 Tage	25°	62	Lenher u. Merill
3 Tage	25°	120	Lenher u. Merill
8 Tage	25°	160	Lenher u. Merill
13 Tage	25°	162	Lenher u. Merill
1 Tag	90°	428	Lenher u. Merill
1 Tag	90°	424	Lenher u. Merill
1 Tag	90°	430	Lenher u. Merill
2 Tage	90°	424	Lenher u. Merill
3 Tage	90°	428	Lenher u. Merill
8—9 Monate	Zimmertemperatur?	190—220	C. W. Correns
?	Zimmertemperatur	210	Struckmann

Tabelle 3. *Experimentell ermittelte Werte für die Löslichkeit von Quarz in destilliertem Wasser*

Versuchsdauer	Temperatur	Gelöste Menge SiO_2 in mg/l	Autor
1 Monat	37°	21,3	Söffge
3 Monate	37°	26,5	Söffge
6 Monate	37°	30,2	Söffge
8 Tage	37°	33,0	Lucas u. Dolan
10 Tage	37°	43,0	Archer
3 Std	100°	52,0	Briscoe u. Mitarb.

Tabelle 4. *Experimentell ermittelte Werte für die Löslichkeit von Quarz (Korngröße $< 2\,\mu$) in Ringerlösung*

Versuchsdauer	Temperatur	Gelöste Menge SiO_2 in mg/l	Autor
1 Tag	37°	104,3	Söffge
7 Tage	37°	127,4	Söffge
14 Tage	37°	133,6	Söffge
1 Monat	37°	135,4	Söffge
3 Monate	37°	129,7	Söffge

Grenzflächen der Stäubchen macht sie anfällig. Man sieht es aus allen drei Tabellen: bei den in geschlossenem System in verschieden langen Etappen durchgeführten Versuchen erweist es sich, daß anfangs die Menge des Gelösten rasch, später nur noch unwesentlich anwächst; denn dann sind die winzigsten Körnchen bereits aufgezehrt, von den größeren die scharfen Kanten und spitzen Ecken weggelöst. Sofern die Sättigungsgrenze noch nicht erreicht ist, geht der Lösungsprozeß zwar weiter, aber nunmehr schreitet er infolge der verringerten Grenzflächenspannung langsamer voran. Im geschlossenen System endet er, sowie die Lösung gesättigt ist. Anders in der Lunge: da zirkuliert die Gewebsflüssigkeit, so daß mit Gleichgewichtseinstellung nicht zu rechnen ist. Gleichwohl behält die Tatsache ihre Gültigkeit, daß die im eingeatmeten Staub überwiegenden unterdurchschnittlich kleinen Teilchen den Hauptanteil des Gelösten liefern.

Tabelle 2 unterrichtet über die Löslichkeit eines Kieselgels, Tabelle 3 über die Löslichkeit von Quarz in destilliertem Wasser. Man sieht, daß schon bei niedrigen Temperaturen die Löslichkeit des Geles erheblich größer ist als die des Quarzes. Für diesen mag es so aussehen, als wäre er auch bei langen Versuchszeiten dem Lösungsmittel gegenüber sehr widerstandsfähig. Es gehen nur wenige mg/Liter in Lösung. Bezieht man jedoch die Menge des Gelösten auf die Einwaage des kristallisierten Versuchsgutes, so gewinnt das Bild ein anderes Aussehen. Söffge hat für seine Versuchsreihen je 5 g eingewogen. In Gewichtsprozenten sind davon nach 1 Monat 0,43 %, nach 2 Monaten 0,53 %, nach 3 Monaten 0,60 % gelöst worden. Da bei Staubgefährdung den Lungen immerwährend die kleinsten Teilchen in überwiegender Menge zugeführt werden, könnte man folgern: zirkulierte in den Lungen destilliertes Wasser, so würden sich Tag für Tag nahezu $^1/_2$ Gewichtsprozent des jeweilen eingeatmeten Quarzes lösen.

In Wirklichkeit dürfte es indes noch viel schlimmer sein. Versuche mit Blutplasma konnte Söffge aus äußeren Gründen nicht durchführen; er mußte sich auf die Verwendung von Ringerlösung beschränken. Darin löst sich Quarz, wie Tabelle 4 zeigt, fast ebenso leicht und rasch wie Kieselgel in destilliertem Wasser. In Gewichtsprozenten ausgedrückt, gehen nach 1 Tag 2,09 %, nach 7 Tagen 2,54 %, nach 14 Tagen 2,67 % und nach 1 Monat 2,71 % in Lösung. Sofern man dieses Ergebnis auf die in der Lunge zirkulierende Flüssigkeit übertragen darf, hätte man bei Gefährdung durch Quarzstaub mit einem täglichen Nachschub an gelöster SiO_2 von ungefähr 2 % des im selben Zeitraum eingeatmeten Staubgewichtes zu rechnen. Für Diatomeen oder sonstiges Kieselgel sind mir gleichartige Versuche nicht bekannt geworden. Man wird jedoch nach Maßgabe der Tabellen 2 und 3 folgern dürfen, daß

man da in die Gegend von 10 % oder mehr gelangen würde. —
Diese Zahlen sind natürlich nur grobe Überschläge, und Analogie-
schlüsse können auf falsche Fährte führen.

Wenngleich die Löslichkeit von Quarzstaub hinter der von
Diatomeen oder sonstigem Kieselgel weit nachsteht, so ist sie doch
keinesfalls unerheblich. In der Tat ist mir noch kein Silikosisfall
in die Hände gekommen, in dem ich Quarzreste in auffälliger
Menge hätte nachweisen können.

IV. Zu Nordmanns Beschreibung der Gurkörperchen finden sich analoge Organismenreste in der Rohgur

1. Die Unwahrscheinlichkeit der Existenz von Gurkörperchen

Die in den Kieselgurlungen gewonnene Einsicht in das Löslichkeitsverhalten der Diatomeenschalen in den Körpersäften hat in
mehrfacher Hinsicht Gewicht. Mich bestärkt sie in meiner auf den
Erfahrungen über die Asbestosiskörperchen fußenden Überzeugung,
daß die molekular-dispers gelöste Kieselsäure die Schädigung
— die Fibrosis — hervorruft [2, 3, 5a]. Im hier in Erörterung
stehenden Zusammenhang läßt sie der Wahrscheinlichkeit wenig
Raum, daß es Gurkörperchen geben könne; nicht Stoffanlagerung,
sondern Stoffabgabe, nicht Adsorption, sondern Auflösung spielt
sich ab, und zwar in unerwartet raschem Fortschritt.

Betroffen steht man vor dem widerspruchsvollen Sachverhalt
von zweierlei Beobachtungsergebnissen Nordmanns am Kieselgur-
inhalt der Lungen: *rasches* Verschwinden der Diatomeen, aber
langsame ([13], S. 142, 145) Bildung von Gurkörperchen; anders
ausgedrückt: starke Löslichkeit auf der einen, zögernde Adsorption
auf der andern Seite. Gewiß am befremdlichsten ist das Nebeneinander von „nackten" Diatomeen mit Zähnen und Kämmen,
die „wie abgeschmolzen" aussehen, und von inkrustierten Diatomeen, bei denen trotz des von Nordmann angenommenen längeren
Zeitraumes der Inkrustation wohlerhaltene Kämme aus der Hülle
herausragen ([13], S. 130, Abb. 4). Die Beobachtungen an sich
anzuzweifeln besteht kein Grund; aber die brennende, immer
wieder beunruhigende Frage erhebt sich: wie ist es möglich, daß
eine große Diatomeenfläche eine beträchtliche Schicht von Fremd-
substanz adsorbiert habe, während die randlichen Spitzen, also die
Teile größter Grenzflächenaktivität, fremdstofffrei und überdies
formscharf erhalten, von Lösung unbehelligt geblieben sind?

2. Der organische Bestand der Rohgur

Eine Erklärungsmöglichkeit für diese widerspruchsvollen Befunde liegt nahe — so nahe, daß man sie zuerst für eine Weile übersieht: Es ist kein Zweifel, daß die Gurarbeiter nicht nur dem Staub kalzinierter, also gebrannter Gur ausgesetzt gewesen sind, sondern auch dem Staube der Rohgur. Von dieser kann man sagen, daß sie im bergfeuchten Zustande durchaus nicht unangenehm stäube. Insbesondere das Material der unteren Horizonte der Gurlager ist fast klebrig zäh und zerfällt sogar beim Schütteln in Wasser sehr schwer. Aber trocken — und vor dem Brennen wird es getrocknet — gibt es auch Staub. Und in sommerlicher Hitze stäubt es auf der Grubensohle bei jedem Luftzug und bei jedem Schritt.

Was für eine Bewandtnis hat es mit der Rohgur? — In der Gegend zwischen Unterlüss und Hermannsburg, aus der die hier untersuchten Fälle stammen, kann man in den Gurlagern durchweg drei Horizonte unterscheiden. Zuoberst liegt weiße Gur; nach unten folgt graue, zuunterst braun- oder gar schwarzgrüne. Farbton und -intensität entsprechen der unterschiedlichen Menge färbender Substanz. Sie besteht zur Hauptsache aus organischen Stoffen, untergeordnet tritt etwas Eisenhydroxyd hinzu. Dammer und Tietze teilen 3 Analysen von Kieselgur aus Gegend Unterlüss mit ([9], I, S. 203). Es genügt, hier die Mengen der färbenden Substanzen in Prozenten anzugeben:

	Fe$_2$O$_3$	Org. Subst. + CO$_2$
Weiße Kieselgur	0,35	3,58
Graue Kieselgur	1,34	8,43
Grüne Kieselgur	2,22	16,17

H. Werner [19] gibt für die liegende braungrüne Gur „bis 30 % organische Substanz" an, für die graue ebenfalls 8 %, für die hangende weiße 3 %.

Es sind demnach nicht unbeträchtliche Mengen färbender Stoffe besonders im untersten Horizont der Rohgur enthalten. Jedermann kennt es, daß die Quarzkörner in Sandgruben mehr oder minder dicht umhüllt sein können von Eisenhydroxyd. Warum sollte das bei Diatomeen der Kieselgur nicht ebenfalls so sein? Warum sollten organische Bestandteile nicht an den porösen,

dornenbesetzten Kieselpanzern verankert sein und mit ihnen weitertransportiert werden? Findet man sie in der Lunge, so mag man
meinen, es mit Gurkörperchen zu tun zu haben.

Ich vermerke sogleich: derartig beschmutzte Diatomeen habe
ich in den Präparaten des mir zur Verfügung stehenden Falles
P. 317/41 nicht entdeckt. Doch schien mir der Gedanke wert, ihm
nachzuspüren. Ich habe Gurproben verschiedenen Herkommens
erbeten. Die Firmen G. W. Reye u. Söhne, Hützel (Kr. Soltau), die
Vereinigten Deutschen Kieselgurwerke, Breloh (Kr. Soltau), und
die Kieselgur-Industrie GmbH, Unterlüss, haben mir in bereitwilligem Entgegenkommen reichliches und verschiedenartiges
Material zur Verfügung gestellt. Dafür bin ich aufrichtig dankbar.
Es hat zur Klärung des Sachverhaltes wesentlich beigetragen. Ich
habe von jeder Probe der Rohgur eine stattliche Menge von Präparaten für das Mikroskop angefertigt, und zwar jeweils in zwei
Serien: für die eine Reihe habe ich Gur in destilliertem Wasser
aufgeschlämmt, ein kleines Quantum davon mit der Tropfpipette
entnommen, auf Objektträger verteilt und eintrocknen lassen. Für
die andere Reihe habe ich vermittels eines feinen Haarpinsels
Staub von getrockneten Gurstücken auf Objektträger übertragen.
In beiden Fällen ist die auf diese Weise gut verteilte Gur durch
Deckgläser abgeschlossen worden.

3. „Schollen mit Zähnen und Kämmen"

Die Präparate von allen Proben aus den unteren Horizonten
der Gurlager enthalten in reicher Fülle Material, das man Nordmanns Beschreibung der Gurkörperchen als Beleg beifügen oder
auch als Ergänzung hinzufügen könnte, „Schollen" aller Art und
Diatomeen jedes Einhüllungsgrades. Eine kleine Auswahl von Beispielen sei hier abgebildet; es sind nicht unbedingt die besten.
Wollte man jedes Stück photographieren, das Besonderheiten aufweist, so käme man ins Uferlose.

Die Durchsicht der Präparate begann sogleich mit einer großen
Überraschung. Ich halte es für angemessen, auch auf die Gefahr
hin, als langatmig gescholten zu werden, hier sehr ausführlich zu
berichten; denn das dürfte dem Verständnis dafür dienlich sein,
wie leicht es zu Fehlurteilen kommen kann.

Schon im ersten Sehfeld lag ein Objekt vor meinem Auge
(Abb. 2a), das sehr gut zu Nordmanns Beschreibung eingehüllter

Diatomeen paßte und verblüffend an die Zeichnung in der oberen rechten Ecke seiner Abb. 4 ([13], S. 130) erinnerte: ein gedrungen längliches, etwas abgerundetes Körnchen von tiefbrauner Farbe, etwas durchscheinend, mit glatter Oberfläche, umgeben von einem schmalen, eingekerbten Saum andersartiger Beschaffenheit, im Gegensatz zum Kern sehr durchscheinend, lichterfüllt nach Art stark brechenden Materials und von blaßgrünlichgelber Farbe. Wäre der Kern schwarz gewesen, so hätte ich keinen Unterschied gegenüber manchen Körperchen mit Kohlekern anzugeben gewußt.

Indes — man fragt sich sofort: Wie soll ein so zartes Gebilde die groben Prozeduren der Präparatherstellung überstanden haben, vom Schütteln beim Aufschlämmen an bis zum Verteilen des zähflüssigen Balsams beim Aufbringen des Deckglases. Der Gedanke drängt sich auf, der dünne, vielstückige Saum habe sich erst im Präparat ausgeschieden. Dann müßte die in der Gur enthaltene organische Substanz mindestens zum Teil im Xylol, dem hier angewandten Lösungsmittel des Balsams, löslich sein. Zwei kleine Proben der Rohgur habe ich genommen, die eine mit Xylol, die andere mit Alkohol versetzt. In beiden Fällen löste sich etwas vom organischen Bestand der Gur. Die Lösung in Xylol zeigte einen grünlichen, die in Alkohol einen olivbraunen Farbton.

Man sieht, und das wollte ich durch diese ausführliche Mitteilung hervorheben: Ich war von der Realität des „Pseudo“-Kohlekörperchens voll überzeugt, und ich kann mir vorstellen, daß es anderen Beobachtern ebenso gehen möchte und — zu Irrtümern führen könnte.

Während der für die Löslichkeitsversuche erforderlichen Handgriffe kommt das Nachdenken: so viel Saum und so wenig Gur im Präparat — das sprach nicht dafür, daß das Xylol des Canadabalsams eine so reichliche Menge organischer Substanz gelöst und beim Verdunsten — wozu nur die Ränder des Deckglases zur Verfügung standen — wieder ausgeschieden haben könnte. Und warum dann die massige Ausscheidung gerade an diesem einen Plättchen organischen Ursprungs, nicht allenthalben, wo eine Inhomogenität in der ausscheidungsreif konzentrierten Lösung lag? Und die blaße, grünlichgelbe Färbung? Sie hängt nicht selten mit Beugungserscheinungen zusammen!

Man besinnt sich, daß, wenn die Abmessungen von Strukturen sehr klein werden, Beugungseffekte mancherlei vorgaukeln können. So war es auch hier. Es war allerdings die Zuhilfenahme einer

$^1/_{16}$-zölligen Immersion notwendig, um zu gewahren, daß feinste Fäserchen die Ursache des Trugbildes waren. Die Aufklärung wurde dadurch erschwert, daß die Härchen und Borsten — viel zu massive Ausdrücke für so diskrete Dinge! — nicht in einer Ebene lagen, so daß beim Verschieben der Scharfstellungsebene immer neue störende Beugungsbilder entstanden, sogar bei dieser kurzbrennweitigen und daher durch besonders scharfen optischen Schnitt ausgezeichneten Immersion.

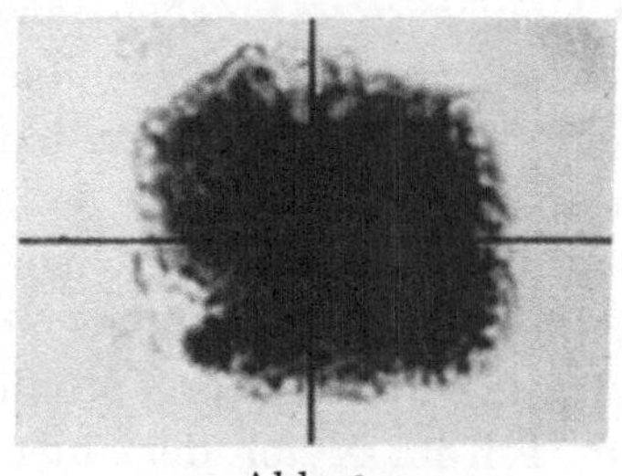
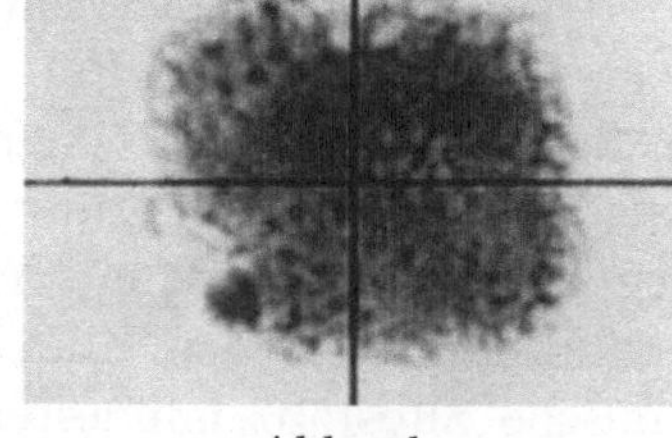

Abb. 2a   Abb. 2b

Abb. 2a. Dunkle Gur aus dem unteren Horizont des Lagers von Breloh. Abb.-Maßstab: Original 520:1, nachvergrößert auf 2050:1. Ein Kohlestäubchen ist rings von leuchtenden Kegeln abgebeugten Lichtes umgeben. Es ist jedoch insbesondere auf die beugenden Strukturen eingestellt: dornenartige Ausstülpungen, am besten rechts unten zu erkennen

Abb. 2b. Kopie vom selben Film wie Abb. 2a — im selben Maßstab. Kurze Belichtung und harte Entwicklung fördern zelliges Gewebe des Organismenrestes zutage; hingegen ist von einer Diatomee keine Spur zu sehen

Abb. 2a mag eine Vorstellung von solchen gar nicht seltenen „Schollen" geben. Es ist nicht das Objekt dargestellt, das ich zuerst gesehen und soeben beschrieben habe, sondern irgendeines der vielen. Es handelt sich um ein rundliches, rußschwarzes Teilchen. Dem Auge erscheint es bei 1000facher Mikroskopvergrößerung als winziges, kompaktes Stäubchen, umgeben von scharf begrenzten Beugungsperlen. Die beugenden Strukturen ahnt man nur mehr, als man sie sieht. Die Emulsion der Photoplatte erweist sich der Netzhaut des Auges überlegen: durch schwache, nur 520fache Vergrößerung bei der Originalaufnahme und Nachvergrößerung auf das 2000fache (Abb. 2a) erhielt ich eine Kopie, auf der man um den Rand des homogenen schwarzen Stäubchens herum die beugenden Strukturen, die Häkchen, Spitzen, Warzen, auf das deutlichste erkennt. Die Rauhigkeit der Umrandung ist offenbar der Ausdruck unterschiedlicher Festigkeit der Substanz solcher Teilchen. Die Anordnung der Ausstülpungen deutet auf

irgendwie maschige Struktur von härteren und weicheren Bauelementen. Das Auge vermag allerdings nichts dergleichen wahrzunehmen. Trotzdem erschien mir ein photographischer Versuch
reizvoll. Ich habe von diesem Film, von dem die Kopie für die
Abb. 2a stammt, eine Vergrößerung mit kurzer Belichtungszeit
und harter Entwicklung angefertigt. Abb. 2b zeigt das Ergebnis:
eine zellige Struktur kommt zum Vorschein. Je nach der Lage des
optischen Schnittes — der Einstellungsebene des Mikroskops —
sind die Zellwände (namentlich oberhalb und links vom Schnitt-
punkt des Fadenkreuzes) oder aber das Zellinnere dunkel. Das
sieht nach organischem Gewebe aus. Was hier vorliegt, ist offenbar
nichts anderes als ein einheitliches Kohleflitterchen. Von einer
Diatomee ist keine Spur darin zu entdecken. Also auch von dieser
Seite her ist Sicherheit gewährleistet, daß Objekte solcher Art mit
Gurkörperchen nichts zu tun haben. Es ist nämlich auch daran zu
denken, daß schon in dem an organischen Stoffen reichen Horizont
der Gurlager Adsorption stattgefunden haben könnte. Aber auch
dort ist — fast möchte ich sagen: merkwürdigerweise — die über-
wiegende Mehrzahl der Diatomeen erstaunlich sauber, nicht einmal
von rein mechanisch anhaftenden Organismenresten beträchtlich
beschmutzt.

Partikeln, die solche Beugungserscheinungen, wie sie in Abb. 2
dargestellt sind, in wechselnder Deutlichkeit zeigen, finden sich
gar nicht selten in den mir vorliegenden Lungenschnitten, wie z.B.
in Abb. 19 — vgl. auch Abb. 24 — hier mehrere Teilchen in der
oberen rechten Ecke. Entdeckt man so etwas in Schnitten aus
einer Gurlunge, dann mag die Versuchung nahe liegen, die zwar
sehr helle, lichtstrotzende randliche Ornamentierung der dunklen
Teilchen mit Diatomeenschalen in Zusammenhang zu bringen.
Ich glaube, daß der Nordmannschen Abb. 4 ([13], S. 130) solche
Gebilde zugrunde liegen, zumal Nordmann davon spricht, daß
diese vermeintlichen Zacken der Diatomeen „in eindeutiger Lichtbrechung am Rande hervorschauten" ([13], S. 131/132). wobei er
betont, daß er darunter „eine starke Lichtbrechung ..., höher ...
als die des umgebenden Mediums" ([13], S. 129) meint. Es kann
sich demnach nicht um Diatomeenmaterial handeln; denn Diatomeenschalen haben, wie oben vermerkt, ein ganz besonders nied-
riges Brechungsvermögen. Sie heben sich daher bei scharfer Einstellung der Mikroskopoptik von dem durch Xylol verdünnten und
infolgedessen ähnlich schwach brechenden Canadabalsam wenig ab.

Nicht nur die Lichtbrechungsverhältnisse sprechen dafür, daß Nordmann von Beugungskegeln umgebene Flitterchen organischer Reste gesehen hat. Auch seine Zeichnungen lassen sich weder mit zentrischen noch mit pennaten Diatomeenformen recht in Einklang bringen. Wo immer man Diatomeenteile sieht, die mit Kammzähnen verglichen werden könnten, sind es nicht, wie in Nordmanns Zeichnungen, flächenhaft ausgedehnte Anhänge, sondern dünne, in kompakten Punkten endende Striche, so daß man eher an die Zackenreihe einer Krone denken möchte (z.B. Abb. 3 und 11). Diese eindrucksvollen Beugungsbilder wären Nordmann gewiß nicht entgangen und auch zeichnerisch leichter darstellbar gewesen als die mehrdimensionalen Formen in seiner Abb. 4.

Warnend sei daran erinnert, daß solche von Beugungsscheibchen oder -streifen ganz oder teilweise umgebenen Kohlestäubchen auch in Anthrakosislungen vorkommen und die Gefahr groß ist, sie als „Kohlekörperchen" anzusprechen.

Der hier erörterte Sachverhalt schließt nicht aus, daß Nordmann ganz zutreffend Diatomeenspuren entdeckt haben kann, die aus opaker kohliger Substanz herausragten. Abb. 3 a, b mag als Beispiel für solche denkbaren Fälle dienen. Es liegt ein Bruchstück einer zentrischen Diatomee unter einem flachen, hauchdünnen, trotzdem undurchsichtigen Kohleblättchen. Wie die Zähne eines Kammes schauen die speichenartig angeordneten Rippen der Schalenversteifung heraus. Kohle und Diatomee sind durch den Druck der auflagernden Gurschichten fest aneinander gepreßt, so daß sie die mechanischen Beanspruchungen bei der Präparatherstellung überstanden haben, ohne den Zusammenhang zu verlieren. So mag es auch sein, daß solche derart verbundenen Flitterchen verschiedenen Materials unzertrennt die Beschwerlichkeiten der Atemwege überwinden und der Lungenbewegung beim Atmen standhalten können. Zu vermuten ist indes, daß man bei genauerem Hinsehen gewahren würde, daß die organische Masse ein kantiges, eckiges, unregelmäßiges Bruchstück ist, nicht aber wie ein Adsorptiv den Diatomeenrest mit sanft begrenzten Formen umschmiegt. In der Nordmannschen Abb. 4 könnte, wenn die herausragenden Zähne nicht flächenhaft gezeichnet wären, dem „Gurkörperchen" in der Mitte der oberen Reihe ein solches aus Diatomeenrest und organischem Splitter zusammengesetztes Gebilde zugrunde liegen; wahrscheinlich aber handelt es sich um etwas ganz anderes, etwa nach Art der Abb. 21 Beschaffenes.

4. Wichtigkeit der Beobachtung der Beugungserscheinungen

Auch für den Fall, daß sich tatsächlich in Lungenschnitten Aggregate wie in Abb. 3 fänden, reicht es nicht hin, sich damit zu begnügen, lediglich aus dem bloßen Aussehen zu schließen, es handle sich um ein Diatomeenbruchstück. Im folgenden werde ich ein den „Kämmen" von Diatomeen vergleichbares Gebilde zeigen (Abb. 4), das jedoch ganz anderer Herkunft ist. Man muß sonach sorgfältig aus einanderhalten.

Als Hilfsmittel zur Unterscheidung bieten sich die Beugungserscheinungen an. Man hat sich nur daran zu erinnern, was die Beckesche Linie aussagt, jener Lichtsaum, den man an der Grenze zweier Stoffe verschiedenen Brechungsvermögens wahrnehmen kann, wenn man die Lage der Scharfstellungsebene durch Heben oder Senken des Tubus verändert. Beim Heben des Tubus wandert die Lichtlinie in das stärker brechende, beim Senken in das schwächer brechende Objekt hinein. Dementsprechend bewegen sich die Schattenlinien, aus denen das Licht abgebeugt ist, in die entgegengesetzte Richtung. Nur bei Scharfstellung auf die Objektgrenze gibt es an ihr entlang keine drastischen Intensitätsunterschiede des Lichtes.

Die Abb. 3a und b veranschaulichen diesen für die Beurteilung des Lichtbrechungsverhältnisses irgendwelcher Stoffe wichtigen Sachverhalt. Sie sind daher in der Legende ausführlich erläutert. Als Kieselgel haben die Diatomeenpanzer ein außerordentlich geringes Lichtbrechungsvermögen. Es ist sehr viel schwächer als das des Canadabalsams. Infolgedessen sind die Beugungserscheinungen je nach dem Verdünnungsgrad des Balsams mehr oder minder eindrucksvoll. Hinzu kommt: kaum je wird eine Diatomee in ihrer ganzen Ausdehnung senkrecht zur optischen Achse des Mikroskops liegen. Im Normalfall werden sich deshalb Diatomeen der gleichzeitigen Scharfstellung über ihren ganzen Bereich hinweg entziehen, so daß Beugungseffekte unvermeidlich wahrnehmbar werden müssen (Abb. 18). Da sich auf dem hellen Bildgrunde des Mikroskopsehfeldes die dunklen Schatten deutlicher abheben als vermehrte Lichtintensität, sieht man statt der Diatomee normalerweise zuerst immer ihr Beugungsbild: die Kronenzacken.

Mithin ist festzuhalten: Es genügt eine kleine Unsauberkeit in der Scharfstellung, statt des Objektbildes ein ganz andersartiges Beugungsbild erscheinen zu lassen. Sogar bei hinreichender Scharfstellung sind bei diesen dünnen Bauelementen Beugungserscheinungen deutlich erkennbar, doch sind sie weniger drastisch. Belege dafür findet man in Abb. 27 an den Diatomeenbruchstücken in der Mitte und nahe an der linken unteren Ecke.

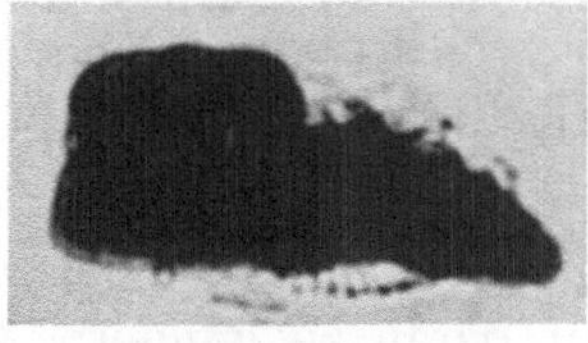

Abb. 3 a   Abb. 3 b

Abb. 3a u. b. Kieselgur von Breloh, unterer Horizont. Abb.-Maßstab: Original 520:1, nachvergrößert auf 1100:1. Bruchstück einer zentrischen Diatomee, zusammengepreßt mit einem Kohlefragment. Die Teilabbildungen a und b zeigen die auf der unterschiedlichen Lichtbrechung von Objekt und Einbettungsmittel beruhenden Beugungserscheinungen (Beckesche Linie). Bei a ist die Scharfstellung auf den Teil des Randes des Kohleteilchens erfolgt, der sich oberhalb des Diatomeenbruchstückes befindet. Der Tubus steht daher in bezug auf die Diatomeenleisten etwas zu hoch. Infolgedessen schneidet die Einstellungsebene die von den Grenzflächen Leisten/Canadabalsam abgebeugten Lichtbänder oberhalb des betrachteten Objektes. Die Helligkeit breitet sich außerhalb der Rippen der Diatomeenschale aus, während sich die durch den Verlust des abgebeugten Lichtes erzeugten Schatten innerhalb der Rippen zusammendrängen; sie erscheinen dort als dunkler Strich. Das bedeutet: Der Canadabalsam bricht stärker als das eingebettete Objekt — ein Anzeichen dafür, daß dieses dem Kieselgel der Diatomeen zuzurechnen ist. Ebenso ist der gesamte Kreissektor des Außenrandes des Zähnekranzes von einem Lichtsaum umgeben. Dort aber, wo die Rippen mit dem Wulst des Schalenrandes verbunden sind, vereinigen sich die Schatten von beiderlei Grenzflächen zu intensiv dunklen Punkten, Kreisschnitten der Einstellebene durch die Schattenkegel. So ergibt sich das sehr charakteristische Bild einer vielzackigen Krone, das bei Diatomeen aller Art immer wiederkehrt. In Abb. 11 zeigt die pennate Diatomee am oberen Bildrand den Sachverhalt noch deutlicher. — Bei der Aufnahme von b ist der Tubus ein wenig gesenkt. Infolgedessen erscheint dort Licht, wo früher Schatten war — genau die Umkehrung von a. An den Verbindungsstellen von Rippen und Rand der Diatomeenschale leuchten helle Beugungsscheibchen, umgeben von zarten Schattenkreisen

Das Spiel mit der Mikrometerschraube führt sonach zu einem eindrucksvollen Wechsel in der Verteilung von Licht und Schatten. Falls solcher Wechsel bei den in Nordmanns Abb. 4 gezeichneten Fällen eingetreten wäre, hätte ihn Nordmann gewiß beobachtet und zutreffend dargestellt. Statt flächenhafter, schwach konturierter Sägezähne hätte er handfest punktierte Kronenzacken gezeichnet. Es sei daran erinnert, daß Nordmann, ein erfahrener

Mikroskopiker, den Umrandungen, die er gesehen hat, hohe Lichtbrechung zuschreibt. Das bestärkt in der Vermutung, daß er die Beugungsperlen um Kohleflitterchen gesehen und mißgedeutet hat, so, wie es mir — siehe oben — auch ergangen ist.

Immerhin: daß organische Substanz und Diatomeen in der Rohgur in festen Zusammenhang geraten sein können, bezeugen viele Beispiele. Sonach muß auch mit der Möglichkeit gerechnet werden, daß solche verquickte Aggregate in die Lunge gelangen. Nur — sie werden rascher Auflösung anheimfallen!

Nun sei aber sogleich vermerkt: man darf beileibe nicht alles, was nach Zähnen und Kämmen aussieht, für Diatomeenspuren halten. Oft finden sich in der Rohgur häutige Fetzen organischer Herkunft, in allen Farb- und Helligkeitsabstufungen von glasklar über braun bis zu schwarz, bei denen die Beckesche Linie sich der stofflichen Natur gemäß in entgegengesetztem Sinne bewegt wie bei den Diatomeen, also beim Heben des Mikroskoptubus nach innen geht. Nicht allzu häufig, aber sehr eindrucksvoll weisen solche Häute an irgendeiner Randpartie zahnförmige Strukturen auf, dem Bilde von Diatomeen zum Verwechseln ähnlich, mit allen Beugungseffekten behaftet.

5. Diatomeenförmige „Blütenteile"

Auch damit ist die Mannigfaltigkeit der Erscheinungsformen solcher Kammzähne noch nicht restlos erfaßt. Bei Abb. 3 oder den soeben erwähnten Kammzinken sind die Schnüre von Punkten an den Kämmen nur Beugungsfiguren, nichts Objekteigenes. Sie sind gestalt-, nicht substanzgebunden, können sonach bei allen möglichen Dingen auftreten, ohne jedoch ein Teil des Dinges zu sein. Sie gestatten daher auch nicht, von dem einen Objekt auf ein anderes zu schließen.

Abb. 4 stellt ein Aggregat aus verschiedenartiger organischer Materie dar. Rechts liegen unregelmäßig umrandete, homogene Splitter kohliger Substanz, darunter und links davon eine optisch recht wirr aussehende Schicht hellbräunlicher, sehr lichtdurchlässiger organischer Masse. Oben links und, zwar weniger deutlich, oberhalb des obersten Kohlesplitterchens ragen schwärzliche, punktbesetzte Kammzähne hervor. Wer dächte da nicht an eine zentrische Diatomee, ganz nach Art des Falles von Abb. 3a?! Indes — probiert man das Spiel der Beckeschen Linie, so gibt es beim Senken des Mikroskoptubus keine Lichtfülle in den Krönchenknäufen; sie bleiben dunkel, erweisen sich jedoch *außen* von einem Lichtsaum umgeben. Beim Heben des Tubus tritt nur eine geringfügige Aufhellung der dunklen Objekte ein, beileibe nicht so stark wie am Rande der Kohle von 3a, — man muß sehr scharf beobachten, um sie wahrzunehmen. Die Lichtbrechung ist sonach höher als die des Canadabalsams. Das Objekt hat also mit einer Diatomee nichts zu tun.

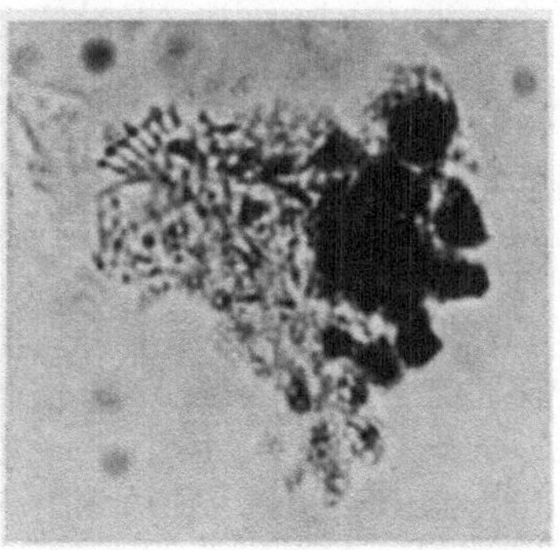

Abb. 4. Braungrüne Kieselgur aus dem unteren Horizont des Lagers von Breloh. Abb.-Maßstab: Original 520:1, nachvergrößert auf 1100:1. Organische Substanz verschiedener Art: rechts kohlige Bröckchen, links durchscheinende häutige Masse, durchsetzt von massenhaften winzigen dunklen Nägelchen, oben Krönchen wie bei Diatomeen; doch verweist ihre hohe Lichtbrechung auf kohlige Substanz pflanzlicher Herkunft

In diesem Falle handelt es sich nicht um die Vorspiegelung einer Objektform durch Lichtbrechung, sondern hier liegt eine wirkliche Objektgestalt vor. Das Kammstück oben links zeichnet sich durch regelmäßige Anordnung aus, wenngleich die Stäbchen an seiner rechten Seite weniger schief auf der durch die Knaufreihe gebildeten Begrenzungslinie stehen als an der linken Seite. Es handelt sich offenbar um einen Teil eines ehemaligen Ganzen. Gewiß ist vorläufig nur, daß es kein Bruchstück einer Diatomee ist; gegen dieses sonst naheliegende Deutung spricht das Lichtbrechungsverhalten. Dagegen sprechen auch Form und Größe der sonst allenthalben anzutreffenden gleichartigen Einzelteilchen. Über das helle organische Häutchen nämlich sind dunkle Leistchen regellos verstreut. Manche überlagern sich, zudem kann man nicht alles zugleich in voller Schärfe abbilden; infolgedessen erscheinen sie in der Photographie nicht selten gestaltlich abweichend von jenen Kronenzacken, keulig, mehrpunktig oder sonstwie. Es entstehen Interferenzbilder ähnlich wie bei den Diatomeen von Abb. 5.

Geht man den Objekten mit guter Optik zuleibe, so enthüllen sie sich immer als kugeltragende Stäbchen. Ihre Länge liegt häufiger unter als über 2 μ. Die zu dem Kronenbruchstück gehörende Zacke am weitesten links mißt 2,2 μ, hat sonach eine gut vergleichbare Länge. Demgegenüber sind Bruchstücke von Diatomeen — ganz abgesehen davon, daß sie sich auf Helligkeit einstellen lassen (z. B. Abb. 5) —, ungleich länger.

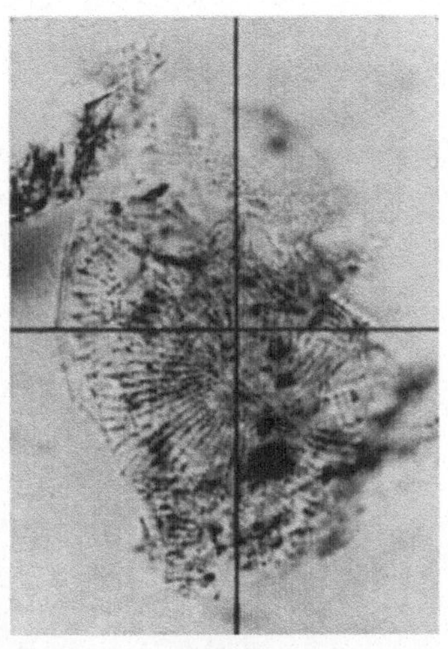

Abb. 5. Braune Gur aus dem unteren Horizont des Lagers von Breloh. Abb.-Maßstab: Original 520:1, nachvergrößert auf 1100:1. Mitten Kreuzgitterinterferenzen bei übereinanderliegenden Diatomeen. Links oben ein Fetzen organischer Haut, überstreut mit schwarzen Nägelchen von etwa 2 μ Länge

Welcher Art sind diese winzigen Nägelchen, wenn sie mit Diatomeen nichts zu tun haben?

Sie kommen glücklicherweise häufig und verschiedenfältig vor, so daß man zu einer Aussage gelangen kann. Meist treten sie in Verbindung mit jenen hellen Fetzen organischer Substanz auf, deren Farbe den ganzen Bereich von kräftigem Rötlichbraun bis zu Farblos umspannt, und die oft, vielleicht sogar in der Überzahl, den Eindruck eines mehr oder minder lockeren filzigen Gewebes machen (Abb. 6). Abb. 5 zeigt einige sich überlagernde Diatomeen. Dadurch, daß das Licht seinen Weg durch die quer übereinander liegenden Rippen suchen muß, gibt es Interferenzen nach Art eines Kreuzgitters. Schon dadurch vermindert sich die Klarheit der Zeichnung. Überdies sind diese Diatomeen aber auch durch Hautstückchen jenes farblosen organischen Stoffes verschmutzt. Einige Kohlebröckchen fehlen nicht. Es ist also eine Materialvergesellschaftung, deren Bruchstücke, in die Lunge geraten, für Gurkörperchen gehalten werden könnten, obwohl es sich um eine rein mechanische Aneinanderhaftung handelt.

In der linken oberen Ecke dieser Abbildung liegt eine freie Schuppe der farblosen Substanz, in ihr, kreuz und quer, aber verhältnismäßig deutlich zu erkennen, eine Anzahl schwarzer

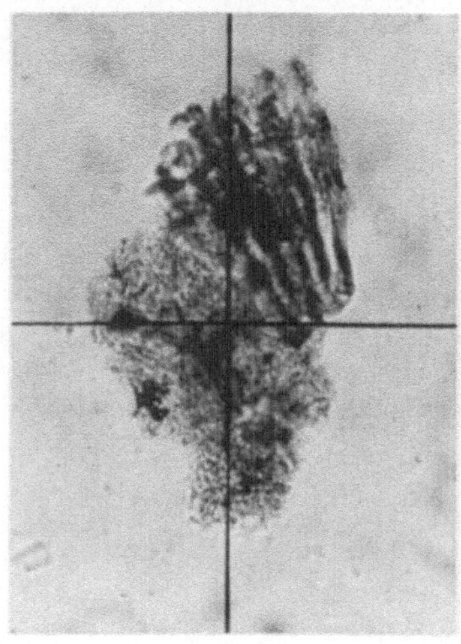

Abb. 6. Kieselgur aus dem unteren Horizont des Lagers von Breloh. Abb.-Maßstab: Original 150:1, nachvergrößert auf 315:1. Verschiedenartige organische Gebilde. Rechts oben keulige, unten zusammenhängende, braunfarbige und stark lichtbrechende Stifte, die, vereinzelt, Asbestosiskörperchen vortäuschen könnten; links unten ein Gewirr von winzigen Nägelchen

Nägel — jener Krönchenzacken. Das oberste Nägelchen mißt in der Länge 2,66 μ; es hat also ein Maß, das sich gut in die Größenordnung der Krönchenzacken einfügt. Der Eindruck, den man bereits aus Abb. 4 schöpfen konnte, daß sich die Zacken leicht aus ihrem Verbande lösen und ihre eigenen Wege gehen, hat an Kraft gewonnen; über die Art der Gebilde ist noch nichts zu erschließen. Nur bestätigt die auch beim Heben und Senken des Tubus unverändert tiefschwarz bleibende Farbe, daß es sich nicht um Diatomeenbauteile handeln kann.

Somit bleibt die Frage nach der Wesensart dieser verbreiteten, schier zahllosen Gebilde bestehen. Die Abb. 6 und 7 mögen Hinweise auf Erklärungsmöglichkeiten geben.

Das Auffälligste an dem Objekt von Abb. 6 sind die fünf im rechten oberen Quadranten liegenden divergentstrahligen, oben frei endenden, unten zusammenhängenden keuligen Leisten von brauner Farbe und ziemlich guter Lichtdurchlässigkeit. Fänden sich solche Teilchen vereinzelt in einer Lunge, so könnte man sie in der ersten Überraschung für Asbestosiskörperchen halten. Ein Biologe wird sie mit Sicherheit pflanzlichem Material zuordnen.

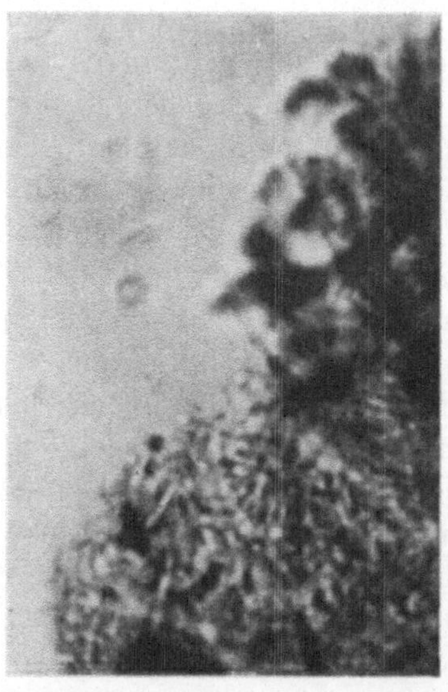

Abb. 7. Ausschnitt aus Abb. 6, linker oberer Quadrant, nachvergrößert auf 950:1. An mehreren Stellen (oben rechts, oder unterhalb der Bildmitte) ist erkennbar, daß die Nägelchen zu kugelschaligen Anordnungen, Kreisen, Ellipsen zusammengeschlossen sind und so an pflanzliche Fruchtstände erinnern. Die Übereinstimmung mit dem Krönchenstück von Abb. 4 ist offensichtlich

Im augenblicklichen Zusammenhang erheischt die vom Fadenkreuz geschnittene, ebenfalls braunfarbig durchscheinende, ziemlich kompakte, dünnschichtige organische Masse das Interesse. Betrachtet man die der Abb. 6 zugrunde liegende Photographie mit bloßem Auge, so hat man den Eindruck, eine helle, zusammenhängende Grundmasse sei erfüllt von einer Unmenge vereinzelter oder zu kurzen Perlschnüren aneinandergereihten Körnchen. Bedient man sich zur genaueren Durchmusterung einer schwachen Lupe, so entdeckt man — am leichtesten wohl im linken oberen Quadranten — je nach der Lage kreisförmige oder ovale Anordnungen von dunklen Kügelchen, die durch zarte Leisten mit einem meistens größeren zentralen Kügelchen verbunden sind. Abb. 7 zeigt diesen Sachverhalt in einem stärker vergrößerten Ausschnitt. Nach der rechten oberen Ecke zu sieht man — unscharf — ein kreisförmiges, etwas unterhalb der Mitte ein ovales Gebilde. Dicht bei dicht sind weitere ähnliche Spuren zu entdecken. Der Eindruck drängt sich auf, daß es sich um pflanzliche Organe handelt — Staubgefäße, Fruchtstände oder was sich die Botaniker darunter denken mögen.

Es fällt gewiß nicht schwer, sich vorzustellen, daß die 7 Zacken des Krönchens in Abb. 4 ein Bruchstück eines analogen pflanzlichen Organs sein können; und es dürfte kaum ein Zweifel bestehen, daß aus solchem filigranen Feinbau Einzelteilchen sehr leicht herausbrechen können und dann jene Nägelchen oder auch nur stiellosen Kügelchen ergeben, wie sie sich allerorten finden.

Vergleicht man die in den Abbildungen dargestellten gleichartigen Organe, so kommt man auf Grund der unterschiedlichen Anzahl und Anordnung der peripheren Kügelchen zu dem Schluß, daß sie verschiedenen Pflanzenarten angehören. Gleichwohl haben die Kügelchen der Kränzchen ziemlich ähnliche Dimensionen. Immerhin stehen die extremalen Werte im Verhältnis 1:2. Die Durchmesser sind im Mittel bei

Abb.-Nr.	4	5	—	6 u. 7	1 u. 19
$\varnothing$ in μ	0,67	0,45	0,41	0,80	0,85

Es kommen auch größere gestielte und ungestielte Kügelchen vor, jedoch nicht in so unermeßlicher Menge wie diese winzigen Nagelköpfchen, auch nicht in so zierlichen Verbänden, sondern immer einzeln. Es wird sich erweisen, daß gerade sie für die Klärung der Fragen um die Gurkörperchen von entscheidender Bedeutung sind (Abb. 15 und 16).

Sonach hat sich hinsichtlich der Zähne, Kämme, Krönchen herausgestellt: Sehr Verschiedenartiges kann den Eindruck erwecken, als handle es sich um „Zähne der Kämme" ([13], S. 131), wie sie bei Bruchstücken von Diatomeen vorkommen mögen. Es können wirklich Diatomeen sein, und zwar kommen sowohl Fragmente von zentrischen Arten in Frage (Abb. 3), als auch Trümmer von pennaten Formen (Abb. 11). Bei Diatomeen hat man mit zwei charakteristischen Eigenschaften zu rechnen: stets mit der extrem niedrigen Lichtbrechung und fast immer mit den aneinandergereihten Beugungskreisen dort, wo die versteifenden Rippen an der Schalenwölbung ansetzen. — Bei andersartigem Material wird man auf sehr verschiedenes Verhalten stoßen. Es können Fransen und Zacken von Fetzen oder Bruchstücken irgendwelcher organischer Substanz vorliegen, blätterig oder hautartig oder aber holzigsplitterig (Abb. 21). Sie haben ganz andere optische Eigenschaften als die Diatomeen. Schließlich kann es sich um pflanzliche Organe handeln, die nach zierlichen Samenständen oder dergleichen aussehen. Es bedarf demnach bei Auffindung solcher Objekte in Lungenschnitten einer sehr genauen Diagnose, um etwas Entscheidendes über die besondere Art aussagen zu können. Sofern Verdacht auf Kieselgurteilchen begründet wäre, würde man von vornherein sehr skeptisch sein müssen, denn es wäre vorauszusetzen, daß sie bei der minutiösen Feinheit von Bruchteilen eines μ nach kurzer Verweilzeit in der Lunge der Auflösung anheimgefallen wären.

6. „Braune" (und schwarze) „Schollen"

In Nordmanns Beschreibung der Gurkörperchen werden ferner „braune Schollen" ([13], S. 131) erwähnt; von schwarzen Partikeln redet er nicht; sie sind jedoch weitaus häufiger als die braunen; nur — wenn man nicht gerade in Kohlenrevieren zu tun hat, ist man gewohnt, schwarzen Staub in den Lungen für Ruß anzusprechen. Braun aber ist die Farbe des Adsorptivs bei Asbestosiskörperchen; damit liegt es nahe, auch zwischen brauner Farbe und Gurkörperchen einen Zusammenhang anzunehmen.

Auch für solches braunes Material finden sich in den unteren Horizonten der Gurlager unzählige Beispiele. Jene braune Scholle mit dem umgebenden Kranz von Beugungsscheibchen, die ich bei der Durchmusterung meiner Präparate sogleich im ersten Gesichtsfelde sah, ist bereits ausführlich beschrieben worden. Wegen der größeren Deutlichkeit habe ich hier einige Abbildungen von umfangreicheren Schollen zur Veranschaulichung ausgewählt. Gleichartige Organismenreste finden sich in allen möglichen Zerkleinerungszuständen, sodaß solche Teile leicht bis in die Lunge gelangen können. Übrigens sind die Partikeln, die in Nordmanns Falle P-317/41 eingeatmet worden sind, gar nicht übermäßig winzig. Abb. 1 stellt einen nicht etwa ausgewählten, sondern zwecks Darstellung einer Übersicht ganz beliebig eingestellten Bezirk eines

Lungenschnittes dar. Das umfangreiche schwarze, kohlige Teilchen
links von der Bildmitte mißt in der größten Länge und Breite
$12 \times 6\,\mu$; das größte Teilchen im Bilde, rechts unterhalb der Hal-
bierungslinie, mißt $17 \times 10\,\mu$, das darunter befindliche, spitz drei-
eckige $14 \times 10\,\mu$. Diesen Längen entspräche etwa ein Querbruch-
stück des auffällig gut erhaltenen Organismenrestes von Abb. 8.
Die größte Länge dieses Stückes beträgt $32\,\mu$, die größte Breite
$13\,\mu$.

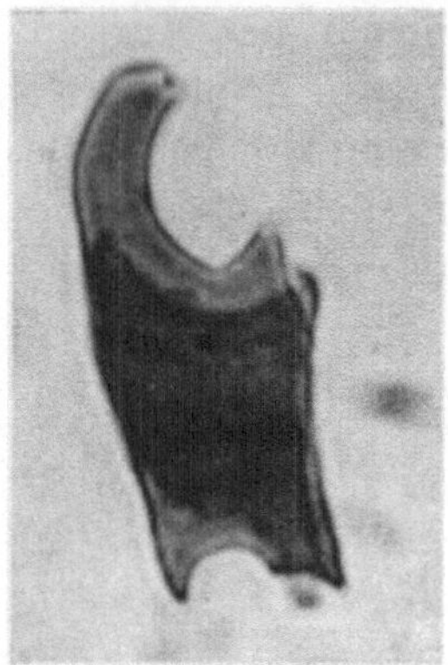

Abb. 8. Chitinöses Gebilde aus dem unteren Horizont des Gurlagers von
Hützel. Abb.-Maßstab: Original 390:1, nachvergrößert auf 1300:1. Bi-
lateral-symmetrisches Organ, durchscheinend, braun. Bruchstücke solcher
Art in einer Lunge würden wahrscheinlich als Hämosiderinschollen angesprochen werden

Durchweg sind die Teilchen, die man nach Nordmanns Aus-
drucksweise als „Schollen" bezeichnen kann, durch die Last der
auflagernden Massen flachgepreßt, oft schiefrig-schichtig, wie
Abb. 9 erkennen läßt, so daß weiterer Zerfall der Partikeln beim
Trocknen und Bewegen der Gur sichtlich angebahnt ist.

Das einprägsam geformte, wohlerhaltene Objekt von Abb. 8
ist ein bilateral symmetrisches Organ; die Farbe ist kräftig braun,
und zwar ist es ein reineres Braun, als es dem Hämosiderin gemein-
hin eigen ist. Das Stück macht den Eindruck, als handle es sich
um einen Teil eines Chitinpanzers. Fragmente von solcher Farbe
und ähnlichem strukturlosem Material finden sich in der Rohgur
ab und an; doch wage ich nicht zu behaupten, daß Gleichartigkeit
der Substanz bestehen müsse. Findet man derartige Teilchen in
Lungenschnitten, ohne zu ahnen, daß es eingeatmeter Staub aus
der Rohgur sein könnte, so wird guter Rat teuer sein.

Es gibt auch mehrfarbige Bruchstücke. Dünne, rötlichbraune, ziemlich lichtdurchlässige, fast homogene Schichten, im Aussehen nicht unähnlich der Substanz des in Abb. 8 dargestellten Fragmentes, wechseln mit schwarzen, splitterigen, ebenfalls hauchdünnen Lagen. An Schüppchen solchen Materials in lungengängigen Größen ist in der Rohgur kein Mangel. Findet man sie in einer Lunge, so möchte man sie für Hämosiderin halten — indes: man wird sich zugleich davor scheuen, dies zu tun!

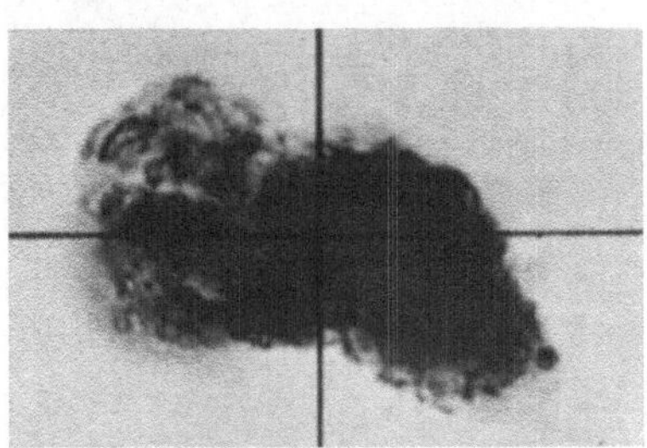

Abb. 9. „Scholle" aus der braunen Kieselgur von Breloh. Abb.-Maßstab: Original 375:1, nachvergrößert auf 1400:1. Organische Substanz in hauchdünnen, fast durchsichtigen Schichten, in der Überlagerung schwarz. Die Inhomogenität der Masse wird deutlich

Noch häufiger sind schwarze Teilchen. In den Abb. 2 und 3 sind bereits welche vorgeführt worden. Hier sei in Abb. 9 noch eines wiedergegeben. Wie bei allen diesen Schuppen, einerlei ob braun oder schwarz, handelt es sich um ein nicht nur im ganzen, sondern mehr noch in den Einzelheiten recht unregelmäßig umgrenztes Plättchen aus hauchdünnen Schichten. Randlich ragen feine Häkchen heraus. Sofort stellen sich dort bei unscharfer Einstellung Beugungsscheibchen ein. Man sieht dem Teilchen die Inhomogenität schier an und begreift, wie leicht es weiterer Aufteilung zugänglich sein muß.

Abb. 10 enthält auf engem Raum die wesentlichsten Typen von Schollen. Da ist zunächst eine große schwarze Partikel, wiederum unregelmäßig umgrenzt, dazu an den Rändern feinwellig gebuchtet (rechts unten) oder gezähnt (rechts oben), ja sogar spießig-borstig (links oben). Am unteren Rand befinden sich einige Beugungsperlen. Bei anderer Scharfstellung bilden sich an anderen Feinstrukturen welche. In den Einzelheiten noch unregelmäßiger ist das kleine benachbarte Teilchen, das oberste im Bilde. — Unterhalb des großen schwarzen Plättchens liegt eine stark licht-

brechende braune Schuppe. Sie ist wirr durchzogen von hellen
Kanälchen. Statt einer zusammenhängenden Beckeschen Linie
reihen sich am Innenrande einzelne Beugungsscheibchen dicht
aneinander. Sie dokumentieren nicht nur die hohe Lichtbrechung
der organischen Materie, sondern ebenso nachdrücklich den in-
homogenen Aufbau des Gebildes. Das Nebeneinander von hellen

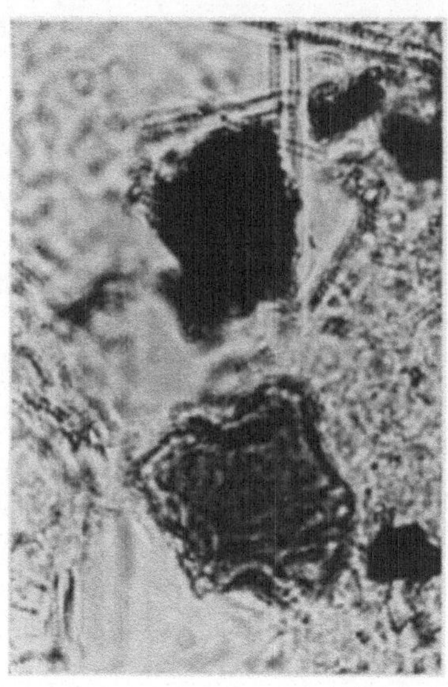

Abb. 10. Verschiedenartige „Schollen" aus der braunen Kieselgur von
Breloh. Abb.-Maßstab: Original 400:1, nachvergrößert auf 800:1. Oben
schwarze Schollen mit sehr unregelmäßigen Rändern. Unten große braune
Scholle, von hellen Kanälen durchzogen. Daran links unten angrenzend
helle, farblose Schicht. Am rechten Bildrand lichtbraune Haut mit einzelnen
Nägelchen

und dunklen Partien erinnert einigermaßen an Nordmanns Zeichnung rechts unten in seiner Abb. 4. — Längs des rechten Bild-
randes breitet sich nach der Mitte zu eine sehr lichtbraun gefärbte
Haut derselben Art aus wie in den Abb. 4 oder 6. Auch an den
dort beschriebenen Nägeln fehlt es nicht. — Am linken Bildrand
unten, bis an die große braune Scholle heranreichend, liegt ein
Stück eines klar durchsichtigen, ziemlich homogenen Häutchens.
    Man sieht, mit welcher Vielfalt von Erscheinungsformen man
zu rechnen hat, falls solcher Staub eingeatmet wird, und man wird
inne, welches Kopfzerbrechen es machen würde, wenn man dergleichen Dinge identifizieren sollte!

7. „Blüten" und „zerteilte Torten"

Nordmann beschreibt weiter: „In anderen Fällen sahen die Gebilde aus wie von oben betrachtete Blüten mit 3 oder 4 Blütenblättern und einem Stempel in der Mitte oder zerteilte Torten" ([13], S. 131). Auch solche Dinge sind in der Rohgur nicht selten. Hier sei auf die Abb. 11 bis 14 verwiesen.

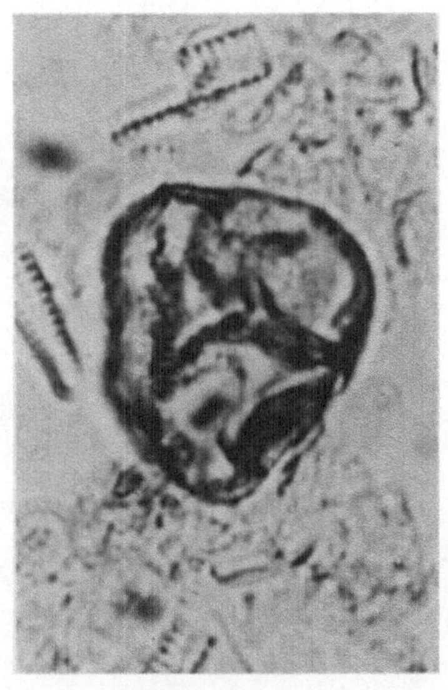

Abb. 11   Abb. 12

Abb. 11. „Von oben betrachtete Blüte mit ... 3 Blütenblättern und einem Stempel in der Mitte" ([13], S. 131) aus der braunen, unteren Kieselgur von Unterlüss. Abb.-Maßstab: Original 400:1, nachvergrößert auf 1250:1. Das Objekt mitten ist offenbar ein pflanzliches Samen- oder Pollenkorn. In der Umgebung liegen Bruchstücke pennater Diatomeen mit typischen Beugungsbildern bei hoher Mikroskopeinstellung

Abb. 12. Braune Kieselgur von Unterlüss. Abb.-Maßstab: Original 225:1, nachvergrößert auf 450:1. Zusammengesetztes Gebilde aus konzentrisch schaligen, dunkelbraunen Körnern

Das offenbar pflanzliche, körnige Objekt der Abb. 11 würde ich zwar nicht gerade als Blüte beschreiben; es ist jedoch deutlich dreiteilig und in ähnlicher Art nicht selten in der Rohgur. Das abgebildete Exemplar ist verhältnismäßig groß; es mißt 28 μ in der größten Länge und 23 μ in der größten Breite. Solche dreiteiligen Gebilde kommen aber auch in viel kleineren Abmessungen vor, nach Form und Größe ausgezeichnet lungenschlüpfig.

— 293 —

Es finden sich auch recht kompliziert zusammengesetzte Aggregate. Abb. 12 stellt eines dar. Es handelt sich hier um ein Gebäude aus unregelmäßig geformten, länglichen Elementen, jedes für sich konzentrisch schalig struiert, wobei die äußeren Schalen am dichtesten gedrängt und am kräftigsten erscheinen; nach innen werden sie lückig; schließlich schwinden sie zu Punktreihen; gleichzeitig verliert die Parallelität an Strenge. Man könnte an Liesegangsche Ringe in einem Gel denken. Zuinnerst befindet sich in jedem solchen Bauteilchen ein dunkles Körnchen, einem

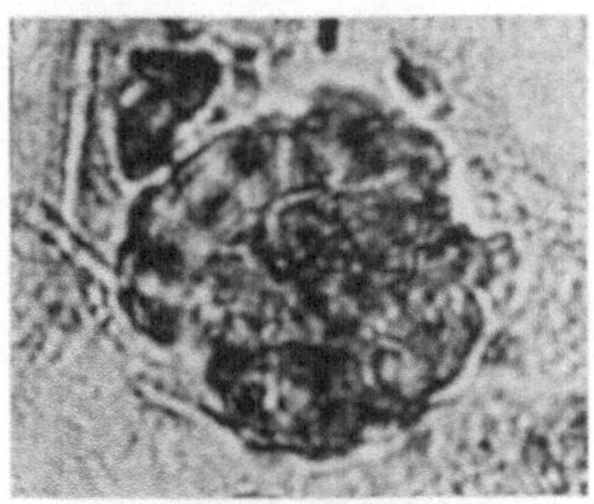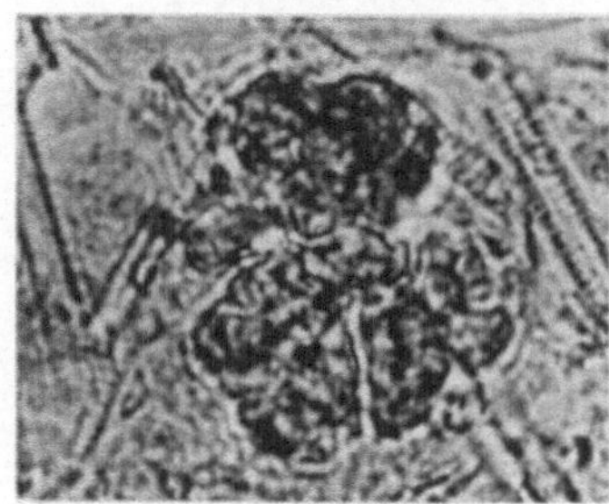

Abb. 13. Braune Kieselgur von Unterlüss. Abb.-Maßstab: Original 400:1, nachvergrößert auf 800:1. Wachsartige Substanz, nach Art einer Blüte angeordnet

Abb. 14. Braune Kieselgur von Unterlüss. Abb.-Maßstab: Original 400:1, nachvergrößert auf 800:1. Wachsartige Substanz in Form einer „Blüte" oder „geteilten Torte" (nach Nordmanns Bezeichnung!)

Zellkern vergleichbar. Rechts vom senkrechten Fadenkreuzarm liegen 6 derartige Einzelstücke — oben im Bilde ohne Hilfe der Mikrometerbewegung des Mikroskops schwer auseinanderzuhalten; links sind drei gut unterscheidbar. Allem Anschein nach lösen sich die Teile unschwer voneinander; links klafft zwischen dem untersten und dem mittleren ein trennender Riß. Ist ein solches Einzelstück in die Lunge geraten, so gibt es gewiß ein Rätsel auf. — Selbstverständlich kann man auch hier, je nachdem von welcher Seite man das Gebilde betrachtet, sich mancherlei darunter vorstellen.

Bei den Abb. 13 und 14 handelt es sich um eine stark lichtbrechende, allem Anschein nach wachsartige Substanz. Sie ist in der Rohgur ziemlich verbreitet und tritt immer in ähnlich bizarren Formen auf. Hier wird es der Phantasie leicht fallen, solche Anordnungen als Blumen zu deuten. Bei Abb. 14 ist auch die Zerteilung deutlich, die Nordmann zum Vergleich mit Torten veranlaßt hat.

8. „Runde Gebilde von bräunlicher Farbe"

Nordmann teilt als weitere Beobachtungen mit: „An anderen Stellen lagen … runde Gebilde von bräunlicher Farbe, die nicht ständig eine positive Eisenreaktion gaben, in konzentrischen Ringen geschichtet sind und eine wechselnd starke Lichtbrechung haben" ([13], S. 131). Das Absonderliche, die Häufigkeit und die eigenartige Form dieser Funde veranlaßten ihn, *„von vornherein" zu vermuten, daß es sich um „inkrustierte Kieselsäureskelete" handelte* ([13], S. 131).

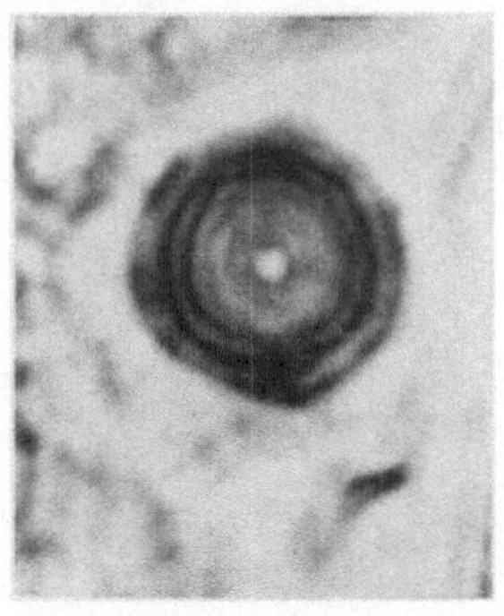

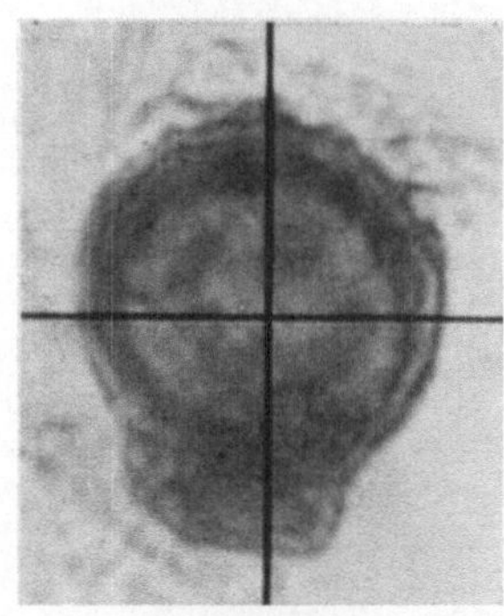

Abb. 15Abb. 16

Abb. 15. Braune Kieselgur von Unterlüss. Abb.-Maßstab: Original 550:1, nachvergrößert auf 2700:1. „Rundes Gebilde von bräunlicher Farbe, … in konzentrischen Ringen geschichtet" ([13], S. 131); auf den Brennpunkt des Kügelchens eingestellt

Abb. 16. Braune Kieselgur von Unterlüss. Abb.-Maßstab: Original 550:1, nachvergrößert auf 1650:1. Kügelchen mit Ansatz eines abgebrochenen Stieles, auf die Peripherie eingestellt

Die Abb. 15 und 16 zeigen solche braune Kugeln, die eine ohne, die andere mit Ansatz eines abgebrochenen Stieles. Die konzentrischen Ringe sind entsprechend ihrer Höhenlage verschieden scharf abgebildet. Die lichtdurchlässige Substanz wirkt in dieser Form wie die längst in Vergessenheit geratenen Schusterkugeln — wie stark gekrümmte, hier noch dazu verformte Linsen mit groben Zonenfehlern. Bei Abb. 15 ist auf den Brennpunkt und die nächsten Zonen eingestellt, daher die äußere Umgrenzung unscharf. Bei Abb. 16 ist die Schärfe mehr an den Rand verlegt; zudem sind bei diesem Objekt die Zonen an sich weniger regelmäßig und minder scharf geschieden. Es ist wohl unnötig, darauf hinzuweisen, daß diese konzentrischen Ringe nicht auf stofflichen Inhomogenitäten und daraus folgenden Absorptionsunterschieden beruhen, sondern auf den formbedingten Lichtbrechungsumständen. Die Vergrößerungen der Abbildungen sind, um die Zonen

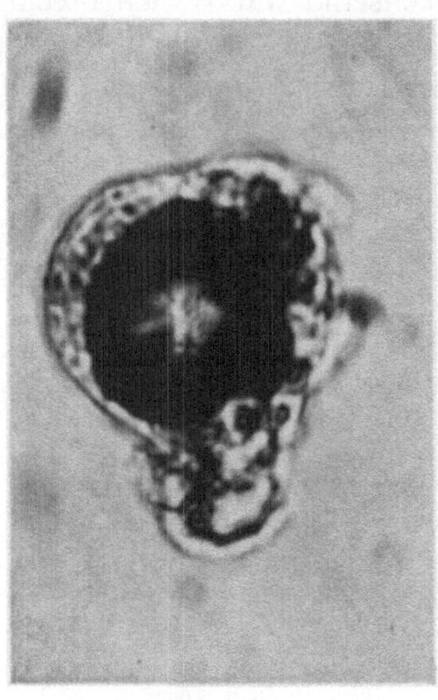 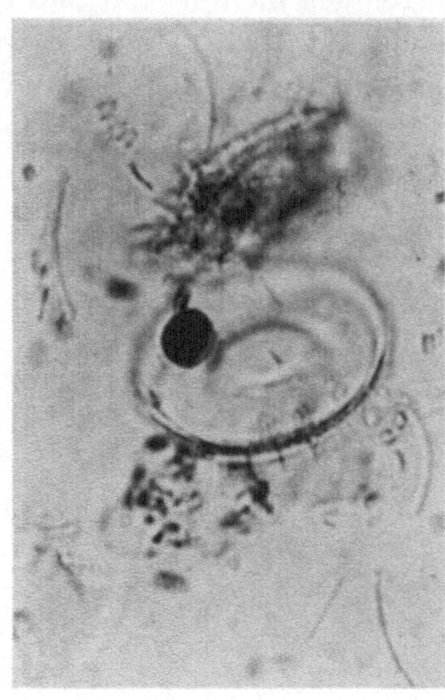

Abb. 17   Abb. 18

Abb. 17. Braune Kieselgur von Breloh. Abb.-Maßstab: Original 400:1, nachvergrößert auf 1350:1. Schwarzes Kügelchen aus organischer Materie, mit Stielansatz, umgeben von wachsartiger Substanz

Abb. 18. Braune Kieselgur von Breloh. Abb.-Maßstab: Original 400:1, nachvergrößert auf 800:1. Dunkles, gestieltes Kügelchen auf Diatomee. Solche Kügelchen ließen Nordmann „von vornherein" vermuten, daß es sich um „inkrustierte Kieselsäureskelete" handelte ([13], S. 131). In einem derartigen Kügelchen von durchschnittlich 7 μ Durchmesser hätte nur ein winziger Diatomeensplitter Raum, der sehr bald der Auflösung verfallen wäre, wodurch das Adsorptiv die zusammenhaltende Kraft verloren hätte

deutlich zeigen zu können, sehr hochgetrieben. Zum Vergleich sei auf die in normalerem Maß gehaltene Abb. 18 verwiesen. Die Kugeln sind nicht ideal geformt, haben also keinen einheitlichen Radius. Der mittlere Durchmesser bei Abb. 15 beträgt 7,4 μ, bei Abb. 16 doppelt so viel: 16,5 μ.

Zum Unterschied von diesen hellen, mindestens durchscheinenden Kugeln gibt es auch dunkle, fast oder ganz lichtundurchlässige. Aus Eisensulfid, dem Mineral Markasit bestehend, sind die vollkommen opak. In diesem Falle würde die „positive Eisenreaktion" (siehe oben!) nicht ausbleiben, wahrscheinlich aber beim nächsten, in Abb. 17 dargestellten Fall. Dort nämlich handelt es sich um ein schwarzes Kügelchen aus organischer Substanz. Man kann nicht sagen, daß es lichtdurchlässig wäre; es weist aber immerhin den Linseneffekt sehr schön auf und verrät dadurch seine pflanzliche Herkunft, für die auch der Stielansatz spricht. Als Besonderheit trägt es eine Hülle jener wachsartigen Substanz, aus der auch die Partikel von Abb. 14 besteht. Ich habe kein zweites so umkleidetes Kügelchen gefunden — allerdings auch nicht tagelang danach gesucht.

In Abb. 18 ist nochmals ein schwarzes, gestieltes Kügelchen dargestellt, und zwar in einem Abbildungsmaßstab, wie man es unter normalen Beobachtungsbedingungen sieht. Man gewinnt einen Eindruck von den Größenverhältnissen, die zwischen solchen Kügelchen und Diatomeen oder Diatomeensplittern bestehen. Wären solche Kugeln, wie Nordmann meint, Inkrustationen von Diatomeenmaterial, so könnte der Kieselkern nur ein winziges Splitterchen sein, keine 5 μ groß. Kein Zweifel: Diatomeentrümmer von so filigraner Kleinheit würden rascher Auflösung verfallen, jedoch nicht imstande sein, sich mit einem Adsorptiv zu umgeben. Zudem würden sie infolge des sehr großen Unterschiedes zwischen ihrem Lichtbrechungsvermögen und dem der etwa adsorbierten organischen Substanz den Lichtdurchgang so empfindlich stören, daß weder einigermaßen konzentrische Kreise noch scharfe Brennpunkte zustande kämen, wie sie die Abb. 15 und 17, auch 28 zeigen. Ganz abgesehen davon hat das Mikroskop keine einzige Diatomeenspur in diesen Kügelchen entdecken lassen. Auch Nordmann hat nur „Kieselsäureskelete vermutet", nicht beobachtet ([13], S. 131). Hingegen ist nach den Abb. 6 und 7 die Herkunft der Kügelchen von Pflanzen sehr offenkundig.

Derartige Kügelchen aber waren es gerade, die Nordmanns Befremden zuerst erregt und ihn veranlaßt haben, an die Existenz von Gurkörperchen zu denken. In der Tat muß es sehr absonderlich wirken, wenn man diese zumeist mit merkwürdigen Anhängen versehenen Kugeln (Abb. 27 und 28) in Gurstaublungen findet — zwar nicht in jedem Schnitt, in manchen dafür um so häufiger. Nun hat es sich gezeigt, daß sie in der Rohgur weit verbreitet sind und dank ihrer geringen Größe und ihrer kugeligen Form bestbefähigt sind, Eingang in die Lunge zu finden.

Genau dasselbe gilt für alle Erscheinungsformen, in denen Nord-
mann Gurkörperchen erblickt, seien es Gebilde mit Zacken, Zähnen,
Kämmen, seien es dem Hämosiderin ähnliche Schollen, geteilte
Torten, Blüten oder was immer — für alles, was Nordmann als Gur-
körperchen beschreibt, finden sich Beispiele in der Rohgur.

Die Anwesenheit solcher Objekte in der Lunge von Gurarbeitern
erklärt sich sonach sehr einfach. Es besteht kein Anlaß mehr, das
Vorhandensein von Gurkörperchen anzunehmen. Hinzu kommt,
daß definitionsgemäß die Grundlage eines Gurkörperchens eine
Diatomee oder mindestens ein Diatomeenbruchstück als Adsorbens sein müßte; aber nirgends habe ich in den mir zur Verfügung
stehenden Lungenschnitten auch nur eine Spur von gelumkleideten
Diatomeen entdecken können, obwohl nach den optischen Gegebenheiten der Nachweis sehr leicht sein müßte, wie denn auch
Nordmann, soweit ich sehe, innerhalb der von ihm als Inkrustationen betrachteten Gebilde Diatomeenspuren ebensowenig hat
nachweisen können. Er fand für diese Objekte bloß keine andere
Deutungsmöglichkeit.

V. Mit Organismenresten der Rohgur vergleichbare Partikeln in den Lungenschnitten

1. Schollen mit Beugungskegeln

Selbstverständlich holte ich mir nach dieser Erfahrung meine
Lungenschnitte von dem Fall P-317/41 abermals hervor. Nun
wiederholte ich aber nicht mehr mein früheres so langwieriges und
trotzdem vergebliches Bemühen, Gurkörperchen zu finden, sondern
ich war darauf aus, zu meinen Photographien von Bestandteilen

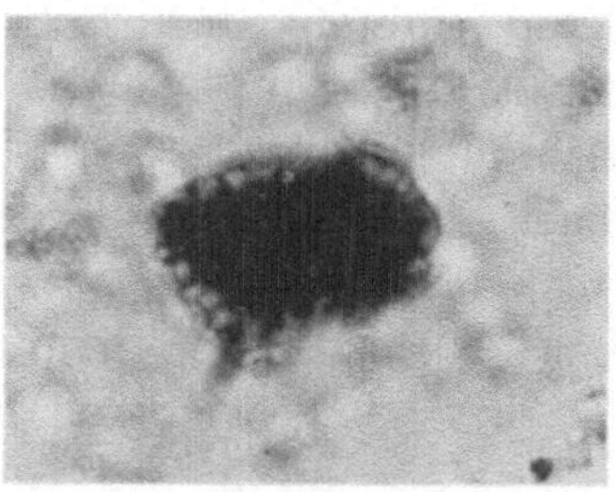

Abb. 19. Kohlestäubchen mit Beugungsfiguren in Lungenschnitt, Fall
P-317/41. Abb.-Maßstab: Original 400:1, nachvergrößert auf 800:1. Das
Objekt gleicht in seinem Verhalten dem von Abb. 2 aus der braunen Gur
vor Breloh. Bei gehobenem Tubus ist das Stäubchen von Beugungsperlen
umgeben. Einige beugende Strukturen sind zu sehen

der Rohgur vergleichbare Gegenstücke in den Lungenschnitten zu suchen. Die folgenden Abbildungen mögen als Belege für den Erfolg dienen.

Da ist zunächst Abb. 19 — eine ,,Scholle" aus der Lunge des soeben genannten Falles. Dieses Objekt aus dem Lungenschnitt ist dem der Abb. 2 aus der Rohgur von Breloh zum Verwechseln ähnlich. Derartige Beispiele sind ungemein häufig. Hierher gehören, unbeabsichtigt in das Photogramm gekommen, die von Beugungsperlen umgebenen Stäubchen in der oberen rechten Ecke des Lungenschnittbildes (Abb. 24).

2. Blütenteilchen

In den Abb. 6 und 7, beide von Rohgur aus den Breloher Gruben, sind jene zierlichen Gebilde enthalten, die in der Beschreibung S. 288 mit Fruchtständen von Pflanzen in Zusammenhang gebracht worden sind. Zum größten Erstaunen fanden sich gleichermaßen kompliziert gebaute, allem Anschein nach sehr empfind-

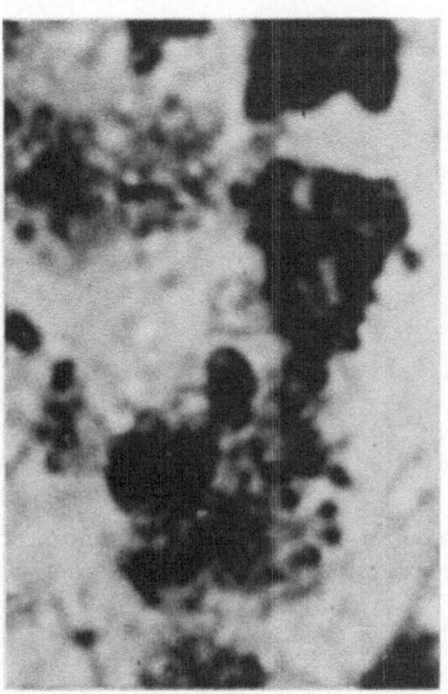

Abb. 20. Lungenschnitt, Fall P-317/41. Abb.-Maßstab: Original 400:1, nachvergrößert auf 2000:1. Samenstände (?) pflanzlichen Ursprungs. In der rechten unteren Bildecke befindet sich eine Anordnung von Kügelchen, genau so, wie sie in der Gur von Breloh vorkommen. Um ein mittleres, graues Kügelchen sind, durch feine Stiele mit diesem verbunden, 8 schwarze Kügelchen symmetrisch angeordnet. Einzelne solcher Kügelchen sind in Lungenschnitten weit verbreitet

liche Anordnungen von Kügelchen unzerstört in Lungenschnitten
(Abb. 1 und 20). Abb. 20 ist eine Vergrößerung von Abb. 1; in
beiden Bildern liegt das bemerkenswerte Objekt nahe der unteren
rechten Ecke in der Nachbarschaft der kompakten Kohlepartikeln.
Um ein mittleres graues Kügelchen sind schwarze Kügelchen
symmetrisch angeordnet. Der Intensitätsunterschied kann auf
Beugungseffekten beruhen infolge verschiedener Höhenlage der
Teilchen. Je zwei der äußeren Kügelchen sind näher benachbart;
alle sind mit dem mittleren durch hauchdünne Stäbchen verbunden.
Genau analoge Gebilde finden sich in der Gur von Breloh.

3. Zähne und Kämme

Der Abb. 21, welche die oben bei der Erörterung über die Kämme
und Zähne bereits erwähnte braungetönte Scholle enthält, wieder
aus dem unteren Horizonte des Gurlagers von Breloh, ist Abb. 22
von einem Lungenschnitt gegenübergestellt mit einer ebenfalls
braunen Scholle. Ihre Umgrenzung ist ähnlich zerklüftet. Die
Zähne sind breiter und weniger zahlreich als in Abb. 21.

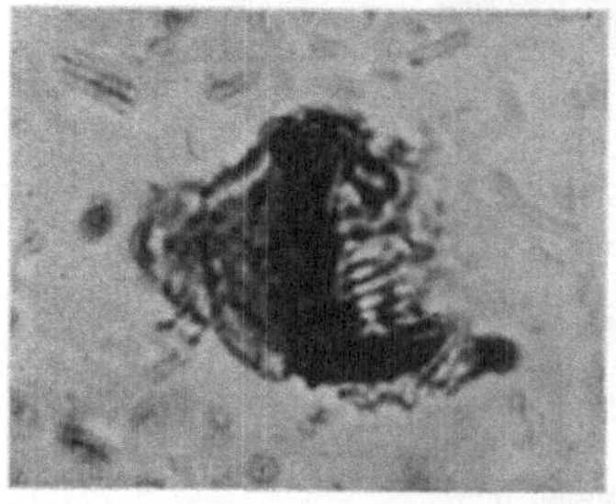

Abb. 21. Braune Kieselgur von Breloh.   Abb. 22. Lungenschnitt, Fall P-317/41.
Abb.-Maßstab: Original 500:1, nach-   Abb.-Maßstab: Original 400:1, nachvergrößert auf 1125:1.   vergrößert auf 1750:1.

Aus Gur und Lunge sind braune Schollen organischer Substanz gegenübergestellt. In beiden Fällen handelt es sich um kammartige Staubpartikeln. Die
Substanz ist bei Abb. 21 sehr dünnschichtig, bei Abb. 22 kompakter. Zweifellos sind solche Texturen für das Vorkommen in der Lunge fremdartig.
Mit Diatomeen haben sie nichts zu tun

4. Zellgewebe

Die Scholle in Abb. 23 stammt aus der Rohgur von Unterlüss.
Sie ist charakterisiert als Überbleibsel härterer pflanzlicher Ge-
webe, zwischen denen lockerere Teile verschwunden sind. Das
Lungenschnittbild Abb. 24 enthält sehr ähnliche Beispiele. Rechts

unterhalb der Mitte liegt ein weitgehend zerklüftetes Teilchen, dessen Oberrand sehr dem der Scholle von Abb. 23 ähnelt. Links daneben sieht man eine löcherige Partikel. In der oberen rechten

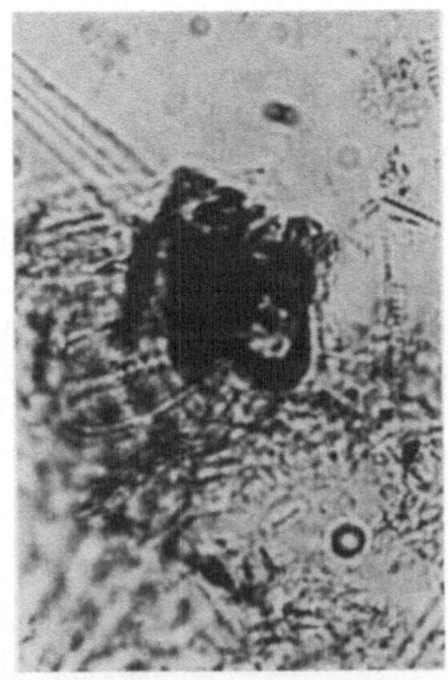

Abb. 23. Braune Kieselgur von Unterlüss. Abb.-Maßstab: Original 400:1, nachvergrößert auf 800:1.

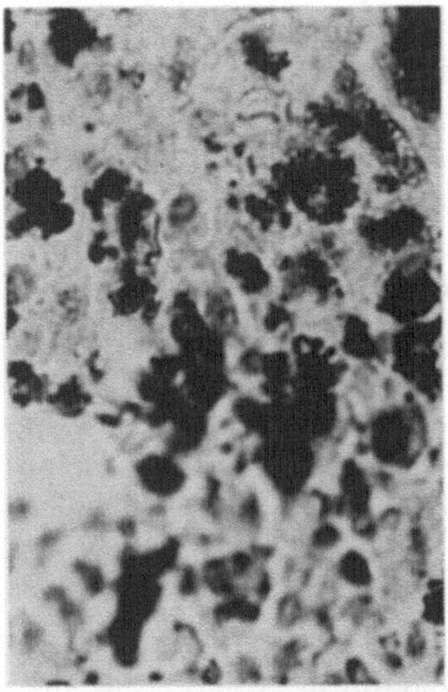

Abb. 24. Lungenschnitt, Fall P-317/41. Abb.-Maßstab: Original 400:1, nachvergrößert auf 800:1.

Beide Abbildungen enthalten schwarze, kohlige Staubteilchen sehr ähnlicher Art, außen zerschlissen, innen mit Hohlräumen. Bei Abb. 24 in der oberen rechten Ecke zwei Partikeln mit Beugungsscheibchen

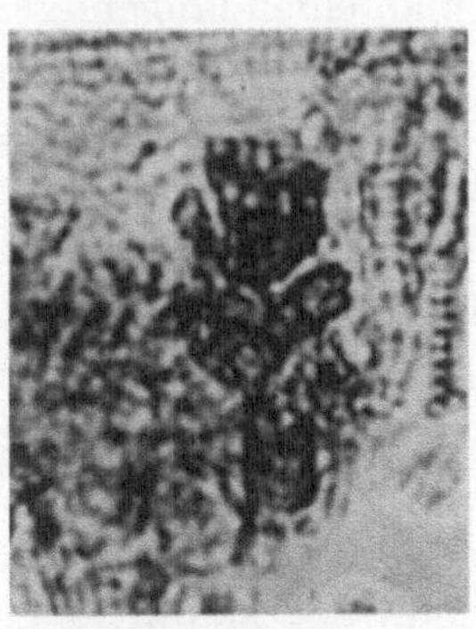

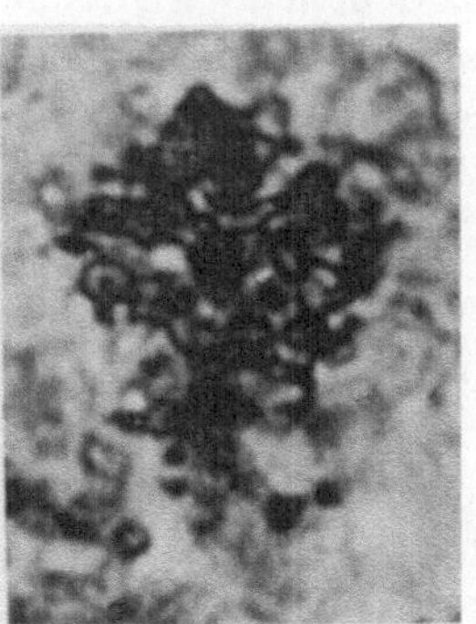

Abb. 25. Braune Kieselgur von Unterlüss. Abb.-Maßstab: Original 400:1, nachvergrößert auf 1100:1.

Abb. 26. Lungenschnitt, Fall P-317/41. Abb.-Maßstab: Original 400:1, nachvergrößert auf 1400:1.

In Gur und Lunge finden sich gelegentlich sehr zierliche pflanzliche Reste, ganze Blumen oder Bäumchen vortäuschend

Ecke kennzeichnen schon die Beugungsperlen die Zerfransung der Ränder der Stäubchen. Das dritte Exemplar von dieser Ecke aus in Richtung der Bilddiagonale ist fast eine verkleinerte Wiedergabe der Scholle von Abb. 23. Insgesamt: wohin man blickt — so bizarr umrandet und löcherig wie in diesen Lungenschnitten treten chemische Ausscheidungen nicht auf. Für das Gefüge von festen Strängen in lockerem Gewebe von Pflanzenstengeln oder für das Geäder in Blättern aber sind derartige Hinterlassenschaften durchaus nicht erstaunlich.

Die Abb. 25 und 26 mögen dartun, was für kompliziert gestaltete Gebilde in Rohgur und Lunge vorkommen. Nichts erinnert bei diesen Formen an Diatomeen oder an Gelhüllen um irgend etwas; hingegen gewahrt man bei aufmerksamem Betrachten die Herkunft von einem Organismus sehr wohl, bei Abb. 26 z. B. an dem Zellgewebestück an der rechten Seite, ganz ähnlich der Struktur am linken oberen Ende des Objektes von Abb. 25.

5. Kügelchen

Als letztes seien noch jene auffälligen Kügelchen nebeneinandergestellt, in Abb. 27 aus der Rohgur von Hützel, in Abb. 28 aus einem Lungenschnitt. Abb. 27 enthält zwar drei Kügelchen, doch ließen sich zwei davon nicht zugleich mit dem mittleren scharf abbilden. Deshalb sei an Abb. 18 aus der Rohgur von Breloh erinnert, in der ein ebensolches Kügelchen dargestellt ist. Sie sind gestielt, meist mit gekrümmten stumpf endenden — vielleicht abgebrochenen — Stielen. Selten findet man einen langen, geraden, zugespitzten Stiel. Allen diesen Kügelchen ist gemeinsam der zentrale, helle Brennpunkt; bei denen von Abb. 28 ist — wenigstens auf der photographischen Kopie — auch je ein konzentrischer Ring zu erkennen; nur bei dem Kügelchen in der unteren linken Ecke liegt der Ring nicht konzentrisch, sondern er ist nach der Bildmitte verschoben; die Mikroskopoptik tut somit das ihre, zu beweisen, daß diese Ringe nichts Objekteigenes, sondern Beugungsfiguren sind.

Bemerkenswert ist noch, daß sich bei einigen wenigen Lungenschnitten solche Kügelchen auch außerhalb des Schnittes fanden, rings umgeben von Canadabalsam. Sie sind demnach außerordentlich beweglich und müssen sich von einer frischen Schnittfläche ebenso leicht mit dem Messer abstreichen lassen, wie M. J. Stewart [16] uns das bei den Asbestosiskörperchen gelehrt hat.

Die Beispiele von dem Nebeneinander gleichartiger Dinge in Rohgur und Lunge ließen sich ins Ungemessene vermehren. Man wird inne: Nordmann hat sehr genau und zuverlässig beobachtet; aber die einfache Deutung lag ihm zu fern. Hätte Nordmann

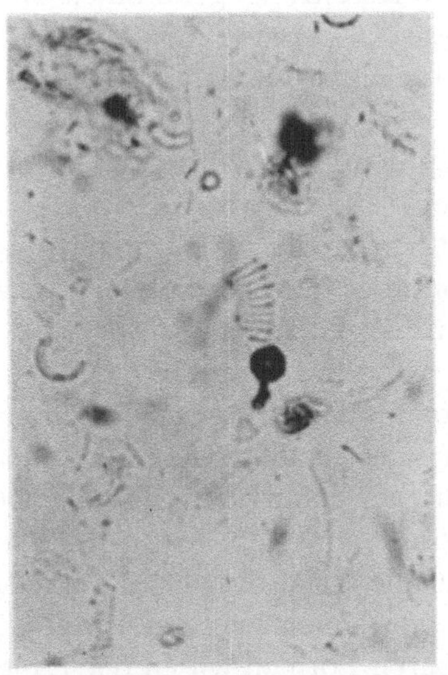

Abb. 27. Braune Kieselgur von Hützel. Abb.-Maßstab: Original 400:1, nachvergrößert auf 800:1.

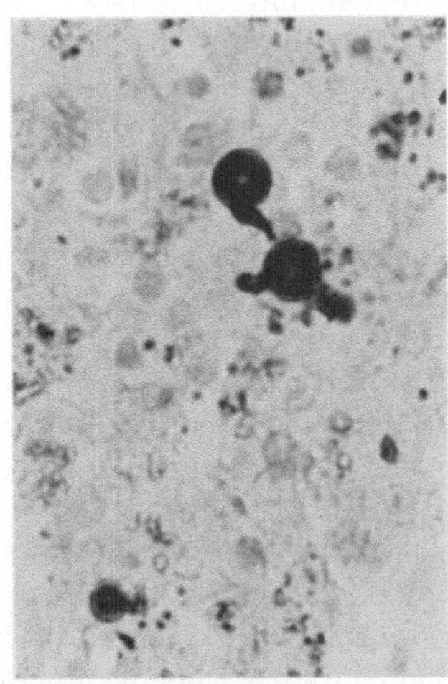

Abb. 28. Lungenschnitt, Fall P-317/41. Abb.-Maßstab: Original 400:1, nachvergrößert auf 800:1.

In Gur und Lunge kommen völlig gleichartige Kügelchen vor, meist gestielt, oft Brennfleck und konzentrische Kreise aufweisend (Abb. 28, oben!). Sie veranlaßten Nordmann zu der Annahme, es handle sich in den Lungen um Gurkörperchen

Präparate von Rohgur der untersten Horizonte zu sehen bekommen, so hätten ihn jene befremdlichen Kügelchen in den Lungenschnitten gewiß nicht verleitet, an Gurkörperchen zu denken, sondern er hätte sie unverzüglich richtig angesprochen als Stäubchen aus der Rohgur. — Indes: wer bekommt je Präparate von Rohgur zu sehen?

VI. „Pseudoasbestosiskörperchen"

1. Gleichartige Bestandteile in Rohgur und Lunge

Nordmann trennt von den Gurkörperchen eine Gruppe als „einstweilen Pseudoasbestosiskörperchen zu nennende Gebilde" ab ([13], S. 132). Es sind „Formen …, deren Oberfläche glatt oder sogar abgerundet ist und deren Kern recht schwer oder gar nicht genau erkannt werden kann" ([13], S. 132). Er faßt sie zusammen mit „Körperchen, die auf Anhieb als Asbestosiskörperchen bezeichnet werden könnten. Nur die Überlegung, daß die Verstorbenen mit Asbeststaub nicht in Berührung gekommen sind, ... mahnten zu großer Vorsicht, diese Körperchen mit Asbestosiskörperchen zu bezeichnen; ... Wir bezeichnen sie daher als Pseudoasbestosiskörperchen" ([13], S. 132).

Tatsächlich handelt es sich bei dem mir vorliegenden Fall P-317/41 um zweierlei, einmal um regelrechtes Gurmaterial, schlanke, stengelige, haarförmige Pflanzenreste von dunkler oder auch hellerer brauner bis rötlichbrauner Farbe, die mehr oder weniger an Asbestosiskörperchen erinnern können, sowohl durch Form und Farbe, als auch und ganz besonders dadurch, daß infolge der kräftigen Lichtbrechung der organischen Substanz bei hoher Einstellung des Mikroskops ein schmaler Lichtstreifen das Innere durchzieht, der eine „Achse" vortäuschen kann. Zum andern aber liegen echte Asbestosiskörperchen vor.

Von der ersten Abteilung gelten alle Erfahrungen, die an der Gesamtheit der „Gurkörperchen" gewonnen worden sind: sie kommen in der Rohgur in vergleichbaren Formen wie in der Lunge vor und ähneln in manchen Fällen den Asbestosiskörperchen sehr (Abb. 31 bis 33).

Gleich zu Beginn meiner Durchmusterung der Rohgurpräparate, als zweites Objekt, von dem ich glaubte, eine Mikrophotographie lohne sich, fand ich ein langes, faden- oder schlauchförmiges Gebilde von ziemlich dunkelbrauner Farbe (Abb. 29), dessen „Oberfläche glatt oder sogar abgerundet" ([13], S. 132) war. Es endete, in Abb. 29 oben, mit einer geschlossenen Spitze; unten war es offensichtlich abgerissen; ich zähle (in der photographischen Kopie) 6 feine Fasern, die sich von der Rißstelle nach außen in leichter Krümmung abspreizen, so, wie man es an Pflanzenstengeln sehen kann. Kein Zweifel, daß es sich um ein pflanzliches Objekt handelt; und ebensowenig ist zu bezweifeln, daß dergleichen Rohgurstaub in die Lunge gelangen kann. Dann wird man Verwechslung mit Asbestosiskörperchen gewärtigen müssen; die Farbe ist bei dem abgebildeten Exemplar zwar etwas dunkler; es gibt aber ähnliche Schläuche auch in helleren, mehr goldbraunen Tönen; vor allem wandern beim Heben des Tubus dank der hohen Lichtbrechung intensiv glänzende Helligkeitsstreifen nach innen, verschmelzen bei genügender Hebung der Einstellebene und erfüllen die Mitte des Teilchens mit strahlendem Licht (Abb. 33) — genau so, wie das bei Asbestosiskörperchen der Fall ist. Die Ähnlichkeit mit Asbestosiskörperchen ist bei dieser Gruppe von Partikeln um so größer, als keine besonderen, irgendwie auffälligen Strukturen zu bemerken sind. Etwaige Rißstellen sind keineswegs

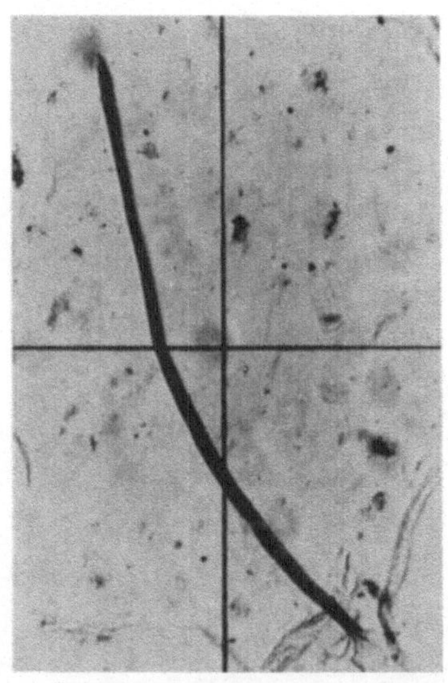 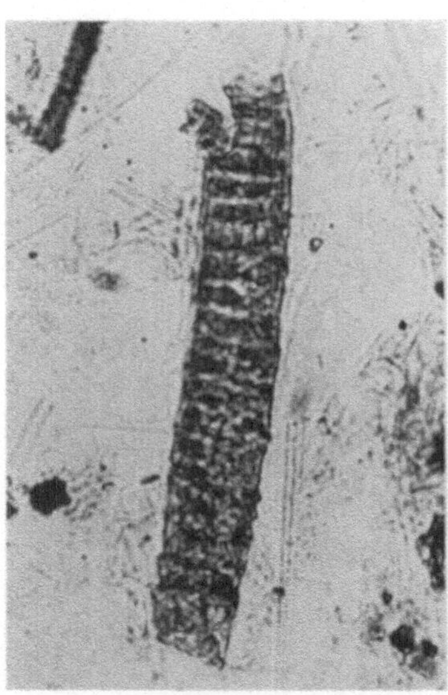

Abb. 29. Braune Kieselgur von Breloh. Abb.-Maßstab: Original 50:1, nachvergrößert auf 100:1. Fadenförmiger Pflanzenteil, oben geschlossen, unten abgerissen, an der Rißstelle die Streifen der Schlauchwand nach außen abgespreizt. Farbe dunkler braun als Asbestosiskörperchen

Abb. 30. Braune Kieselgur von Unterlüss. Abb.-Maßstab: Original 250:1, nachvergrößert auf 500:1. Pflanzenrest, in Farbe und Querteilung den Asbestosiskörperchen ähnlich — jedoch ist die Querteilung nicht so kräftig und glatt umgrenzt wie bei den Platten der Asbestosiskörperchen

immer so zerschlissen wie bei dem in Abb. 29 gezeigten Exemplar — und auch bei diesem bedarf es einiger Aufmerksamkeit, die abgespreizten Fasern zu erkennen.

In anderen Fällen wird die Unterscheidbarkeit leichter. Das gilt von dem in Abb. 30 festgehaltenen Objekt. Hinsichtlich der Farbe und der Lichtbrechung könnte man mit Leichtigkeit Vergleichsbeispiele aus den Asbestosiskörperchen auswählen. Indes weist das hier gezeigte Fragment Strukturen auf, die den Asbestosiskörperchen fremd sind. Das Hauptobjekt von Abb. 30 ist ein

Teilchen, das sowohl in seinen Abmessungen als auch in der
Farbe gute Übereinstimmung mit Asbestosiskörperchen aufweist.
Die Lichtbrechung hingegen ist merklich schwächer, und die
Querteilung, die an den plattigen Bau mancher Asbestosiskörper-
chen erinnern könnte (Abb. 35), ist bei weitem nicht so kräftig
konturiert wie dort, so daß dieses Stück eher eine Warnung dar-

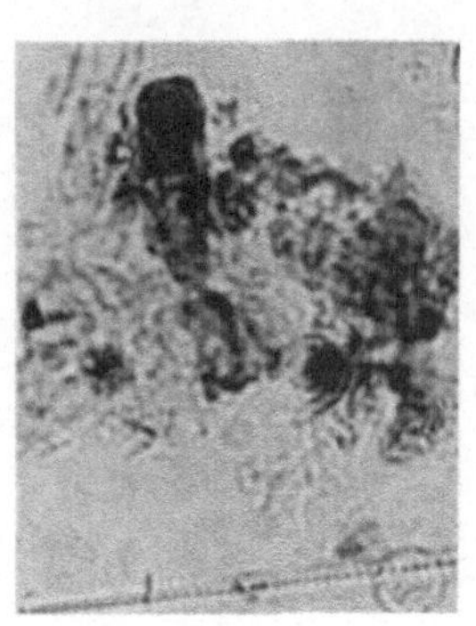

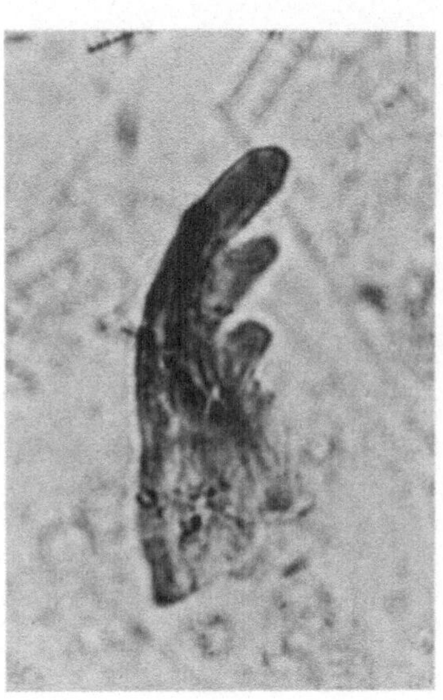

Abb. 31   Abb. 32

Abb. 31. Braune Kieselgur von Unterlüss. Abb.-Maßstab: Original 400:1,
nachvergrößert auf 800:1. Organischer Rest, in Farbe und Form einem
Asbestosiskörperchen gleichend, jedoch fehlt der Asbestfaden. Angrenzend
Schollen verschiedenartiger organischer Substanz

Abb. 32. Braune Kieselgur von Unterlüss. Abb.-Maßstab: Original 400:1,
nachvergrößert auf 1050:1. Ein auffälliges Gebilde aus mindestens vier
unter sich ähnlichen Teilen, von denen jedes einzelne mit Asbestosiskörperchen verwechselt werden könnte; doch läßt sich das Fehlen des Asbest-
skelettes mit Sicherheit feststellen

stellt, beim Vorkommen ähnlicher Partikeln Asbestosiskörperchen
darunter zu vermuten. Jedoch: findet man so etwas unversehens
in einer Lunge, so liegt es wohl nahe, an ein Asbestosiskörperchen
zu denken statt an irgendwelchen eingeatmeten Staub — und nicht
selten ist der erste Eindruck die Grundlage einer bleibenden vor-
gefaßten Meinung.

Weit mehr gleichen Teilchen, wie sie auf Abb. 31 zu sehen sind, den keuligen Enden einer großen, verbreiteten Gruppe von Asbestosiskörperchen — nur das Entscheidende fehlt ihnen: der zentrale Asbestfaden! Die Klarheit der Abgrenzung wird im Bilde beeinträchtigt durch anhaftende Häute organischer Substanz; doch hoffe ich, daß die charakteristische Form der Partikel hinreichend zu erkennen sei. Bei dem Teilchen in Abb. 31 wird die Ähnlichkeit mit Asbestosiskörperchen dadurch betont, daß sich an das oberste, keulenförmige Stück ein zweites anreiht, vergleichbar dem Asbestosiskörperchen von Abb. 36. — Ein solches Gebilde, wie es in Abb. 31 dargestellt ist, könnte Nordmanns Abb. 5 ([13], S. 131) zugrunde liegen. Mir scheint die Übereinstimmung überraschend groß. Nordmann bezeichnet allerdings das Objekt als Gurkörperchen.

Abb. 32 zeigt einige neben und untereinander liegende Pflanzenreste ähnlicher Art. Es ist unter dem Mikroskope nicht mit Sicherheit auszumachen, ob sie oberhalb ihres unteren Endes zusammenhängen. Jedenfalls würde man ein einzelnes derartiges Teilchen sehr genau ansehen müssen, um sicher zu sein, daß es mit Asbestosiskörperchen nichts zu tun hat. Immerhin: den Mangel an einem zentralen Asbestfaden vermag man festzustellen.

Diesen Beispielen von Gebilden aus der Rohgur, die bei Betrachtung mit normalen Vergrößerungen überraschende Ähnlichkeit mit Asbestosiskörperchen aufweisen, sei in Abb. 33 eines gegenüber gestellt, das aus der Lunge des Falles P-317/41 stammt. Auch hier fehlt in dem spindelförmigen Teilchen ein Asbestfaden oder ein sonstwie beschaffenes Gerüst. Die Farbe weicht durch einen Stich ins Rötlichbraune ein wenig von dem goldbraunen Ton der Asbestosiskörperchen ab. Ohne Asbest als Adsorbens ist es unmöglich ein Asbestosiskörperchen; jedoch der Form nach könnte man es sehr wohl für ein solches halten. Dieser Eindruck wird sogar dadurch verstärkt, daß die Aufhellung im Innern, die Beckesche Linie, nicht geschlossen durchläuft, sondern durch Querteilungen getrennt ist (vgl. Abb. 36). Das aber ist hier die Folge eines Aufbaues aus Zellen. Es handelt sich auch bei diesem Stück um eine pflanzliche Hinterlassenschaft aus dem Gurlager.

In den mir vorliegenden Schnitten des Falles P-317/41 sind solche den Asbestosiskörperchen ähnelnde Staubteilchen selten. In einigen Schnitten fehlen sie ganz. Auch ist die Ähnlichkeit nicht immer sehr weitgehend. Abb. 34 zeigt ein Beispiel von demselben Krankheitsfall. Hier bedarf es zweifellos guten Willens und etlicher Phantasie, einen Vergleich mit Asbestosiskörperchen zu wagen. Bei dem gekrümmten und geknickten Röllchen rechts mag man sich wohl an die Geschmeidigkeit der Asbestfäden erinnern; bei dem Exemplar links überdeckt eine kleine flache Platte — „eine Scholle" — das obere Ende; es handelt sich also

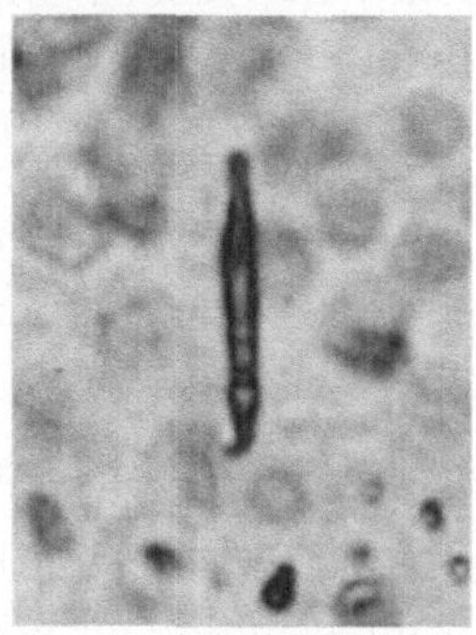

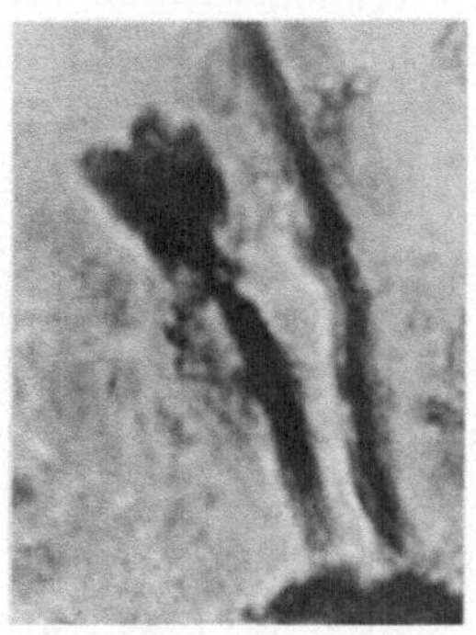

Abb. 33   Abb. 34

Abb. 33. Lungenschnitt, Fall P-317/41. Abb.-Maßstab: Original 400:1, nachvergrößert auf 1350:1. Ein spindelförmiges Teilchen in der Lunge, durch einen Stich ins Rötlichbraune von der Farbe der Asbestosiskörperchen etwas abweichend, sonst aber vergleichbar. Indes fehlt der Asbestfaden

Abb. 34. Lungenschnitt, Fall P-317/41. Abb.-Maßstab: Original 550:1, nachvergrößert auf 1050:1. Zwei Gebilde, die an Asbestosiskörperchen erinnern können, dunkelbraun, leicht verbogen, mit zentralen Schläuchen, die für Asbestfäden gehalten werden könnten. Zum Unterschied von Asbestosiskörperchen ist die Umgrenzung nicht kräftig konturiert, sondern eher diffus

nicht etwa um etwas, was dem Hantelkopf eines Asbestosiskörperchens vergleichbar wäre, dazu ist es ja auch viel zu eckig. Beide Stücke sind sehr ähnlich gebaut. Sie werden mitten durchzogen von einem Schlauch, dessen Wand das Licht stark absorbiert und deshalb an den seitlichen Grenzflächen schwarz erscheint (rechtes Exemplar mitten!). Man wird daher schwerlich in die Gefahr geraten, diese Schläuche mit Asbestfasern zu verwechseln. Umgeben sind sie von einer sehr unregelmäßigen Masse, bald dicker, bald dünner, in Absorption und Farbe wechselnd von tiefem Schwarz über dunkleres und helleres Braun bis zu farblos und klar durchsichtig — also auch in der Hülle durchaus unterschiedlich gegenüber den Asbestosiskörperchen. Es sieht aus, als handle es sich um in Zersetzung befindliche Pflanzenfasern.

Abb. 34 kann als Beleg dafür dienen, wie schwer es mir geworden ist, „Pseudoasbestosiskörperchen" in den Lungenschnitten zu finden. Man wird zugeben, daß die zuvor gezeigten Objekte aus der Rohgur leichter Anlaß zu Vergleichen mit Asbestosiskörperchen zulassen, und man wird sich dessen bewußt sein, daß solche Rohgurstäubchen eingeatmet und später, in der Lunge gefunden, falsch angesprochen werden können.

Es ist sonach festzuhalten, daß diese Gruppe von Nordmanns „Pseudoasbestosiskörperchen" gleich den übrigen „Gurkörperchen" dem organischen Material des Rohgurstaubes entstammt, und zwar scheinen die Pseudoasbestosiskörperchen mindestens zur Hauptsache pflanzlichen Ursprungs zu sein — ich habe keine anderen gesehen. Unter den übrigen Gurkörperchen überwiegen ebenfalls Pflanzenreste, während wachsartige, insbesondere die seltenen chitinösen Bestandteile von der Tierwelt herstammen mögen.

2. Nicht in Rohgur, jedoch in der Lunge finden sich echte Asbestosiskörperchen

Nun bleibt noch etwas über die zweite Gruppe von Nordmanns „Pseudoasbestosiskörperchen" zu sagen. Nordmann versichert, daß man sie „auf Anhieb als Asbestosiskörperchen" ansprechen möchte. Er scheut sich jedoch, dies zu tun, weil die Berufsanamnese nichts erkennen läßt, daß der Verstorbene jemals etwas mit Asbest zu tun gehabt hätte.

Da die Berufsanamnese nicht über den sachlichen Befund entscheiden kann, blieben für mich nur die diagnostischen Merkmale maßgeblich, und da bietet sich für den ersten Blick der allgemeine Eindruck an, während als ausschlaggebendes Kriterium für Asbestosiskörperchen das Vorhandensein eines Asbestfadens nachzuweisen ist. Bei der Durchmusterung der Schnitte fanden sich Asbestosiskörperchen ungefähr ebenso selten wie Pseudoasbestosiskörperchen der ersten Gruppe, also jene Pflanzenreste aus dem Rohgurstaub. Bei Beginn der Durchsicht war ich sogar ziemlich enttäuscht: in den ersten Schnitten entdeckte ich überhaupt keine Asbestosiskörperchen; später, in anderen Schnitten, fanden sich etliche, meist vereinzelt, gelegentlich auch in kleinen Bündeln bis zu 5 Stück. Mit viel Asbest hat der Träger dieser Körperchen keinesfalls zu tun gehabt!

Viele der aufgefundenen Körperchen sind schlecht ausgebildet, andere dafür um so charakteristischer (Abb. 35 und 36). Allen ist

gemeinsam die helle, gelbbraune Farbe, die starke Lichtbrechung
und die Mannigfaltigkeit der Formen der Gelhülle. Schon dadurch
unterscheiden sie sich sehr deutlich, ja drastisch von der zuvor
besprochenen ersten Gruppe. Noch eindeutiger aber lassen sie sich
von jenen Pflanzenrelikten durch den zentralen Asbestfaden aus-
einander halten. Nordmann meint, die auch von ihm beobachteten
Achsen der Körperchen könnten fadenförmige Trümmer von
Diatomeen sein ([13], S. 132). Nun — was bei Diatomeen lineare
Bruchstücke geben könnte, sind die verstärkten Ränder der über-
einandergreifenden Schalen. Da erheben sich sogleich drei Bedenken: 1. solche Bruchstücke dürften kaum die Länge der Asbestosiskörperchen erreichen; 2. wären sie starr, unbiegsam — im
Gegensatz zum Serpentinasbest ([5], Abb. 11 a—c); 3. wäre un-
verständlich, wieso sie der Auflösung hätten entgehen können, der
die Diatomeen in derselben Lunge bis auf $\sim 10^{-2}\%$ anheimgefallen
sind (siehe oben S. 270). Wenngleich gelgeschützte Stellen der
Nadeln sich einige Zeit länger gehalten haben möchten wegen der
erschwerten Diffusion, so hätten doch die gelfreien Teile (Abb. 35
und 36) verschwinden müssen.

Gerade an diesen von Gel unbedeckten Teilen der Nadeln läßt
sich erweisen, daß es sich in allen Fällen um Serpentinasbest
(Chrysotil) handelt. Ich habe anderwärts darüber bereits berichtet
([5], S. 308/309), und zwar habe ich dort besonders auf die außer-
ordentliche Biegsamkeit der Kieselsäuregerüste des Asbestes hin-
gewiesen, auch ein Beispiel dafür abgebildet ([5], S. 308). Die
Identität der Nadeln mit Chrysotil auf kristalloptischem Wege
nachzuweisen, ist schwierig und nicht jedermanns Sache. Darüber
habe ich früher ausführliche Angaben gemacht ([1], S. 288—298);
es möge genügen, hier auf jene Erörterungen zu verweisen und nur
die Ergebnisse der Prüfungen des Falles P-317/41 mitzuteilen mit
einigen Hinweisen auf die Abb. 35 und 36.

Bei beiden Abbildungen ist die Einstellung so vorgenommen
worden, daß ein möglichst langer gelfreier Teil der Asbestnadel
scharf abgebildet ist. Das Asbestosiskörperchen in Abb. 35 liegt
nicht in einer zur optischen Achse des Mikroskops senkrechten
Ebene. Es scheint bei den Handhabungen bei der Präparatherstellung Schaden erlitten zu haben, ungefähr mitten durchgebro-
chen zu sein. Überdies sind die beiden Teile um einen geringen
Betrag gegeneinander verschoben. Der Brechungsquotient des
Canadabalsams der Präparate lag bei $n \leqq 1,53$. Scharfgestellt ist

auf die Partie des Asbestfadens, die zwischen der zweiten und dritten Gelplatte liegt, vom Unterende des oberen Teilstückes aus gerechnet. Man sieht, daß die Grenzlinien des Fadens fast verschwinden, und daß sich die Helligkeit innerhalb und außerhalb des Fadens kaum unterscheidet. Das bedeutet angenäherte Brechungsgleichheit mit dem Einbettungsmittel und damit Übereinstimmung mit dem Brechungsvermögen von Chrysotil. Nach oben,

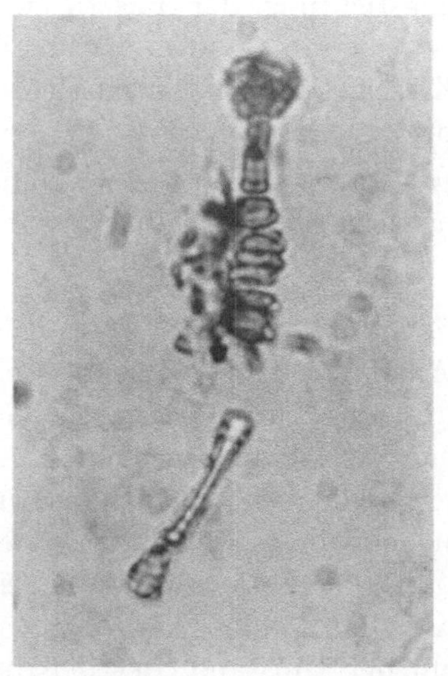

Abb. 35. Lungenschnitt, Fall P-317/41. Abb.-Maßstab: Original 550:1, nachvergrößert auf 1100:1. Echtes Asbestosiskörperchen mit kristalloptisch nachweisbarem Asbestfaden

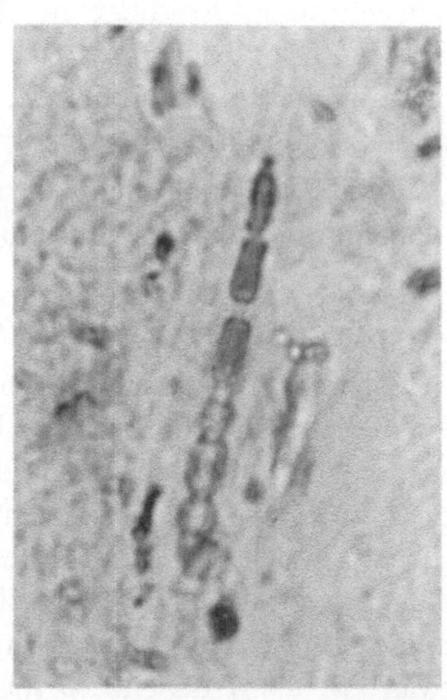

Abb. 36. Lungenschnitt, Fall P-317/41. Abb.-Maßstab: Original 550:1, nachvergrößert auf 1250:1. Echtes Asbestosiskörperchen mit kristalloptisch nachweisbarem Asbestfaden

zwischen der 5. und 6. Gelplatte, wird der Faden deutlicher und innen dunkler. Noch weiter oben, da, wo die Gelhülle dünner ist, verengt er sich zu einem dunklen Strich, ganz so, wie es das Brechungsverhältnis Chrysotil/Canadabalsam bedingt.

Genau dasselbe gilt von Abb. 36. Dort ist auf das gelfreie Stück des Asbestfadens eingestellt, das zwischen dem zweiten und dritten Gelzylinder — von oben — liegt.

Bei Opal — das ist Kieselgel, das im Vergleich zum Gel der Diatomeenschalen wasserärmer und daher stärker brechend sein kann — liegt der Brechungsquotient je nach dem Wassergehalt zwischen $1{,}23 < n > 1{,}46$. Er ist sonach erheblich niedriger als der

für die Achsen der Asbestosiskörperchen ermittelte Wert $n \sim 1{,}53$.
Schon diese Feststellung würde genügen, die Vermutung auszuschließen, daß die Achsen aus Diatomeenmaterial bestünden.
Es kann sich demnach nicht um „Pseudoasbestosiskörperchen"
nach Art der vermeintlichen Gurkörperchen handeln.

Darüber hinaus lassen sich Doppelbrechungserscheinungen
deutlich beobachten. Es ist ein sehr geringer Gangunterschied
wahrnehmbar; $n\gamma$ liegt in der Längsrichtung der Fasern, und
parallel dieser Richtung tritt Auslöschung ein — alles Merkmale,
die dem Chrysotil zukommen. Das Kieselgel der Diatomeenschalen
hat selbstverständlich gar keine Doppelbrechung.

Es bleibt sonach nicht der geringste Raum für Zweifel, es könne
etwas anderes als *echte Asbestosiskörperchen* vorliegen.

3. *Nordmanns Irrtum beruht auf Überbewertung der Berufsanamnese*

Nordmann hat sich durch die Anamnese irre machen lassen.
Gewiß ist eine lückenlose Kenntnis des zurückliegenden Ge-
schehens oft nützlich; doch darf man die Anamnese nicht über-
bewerten. Sie vermag in schwierigen Fällen entscheidende Hinweise zu geben. Sie kann indessen nur andeuten, was man — vielleicht! — zu erwarten hat; sie erlaubt eine Voraussage, was sein
kann. Sie ist jedoch nicht imstande, auszuschließen, daß irgend
etwas *ist*, als Tatsache *vorliegt;* denn der Umstand, der den bestehenden Sachverhalt bewirkt hat, braucht dem Träger dieses
Sachverhaltes nicht bewußt geworden zu sein, oder er kann seiner
Erinnerung entschwunden sein, oder er ist bei der Aufstellung der
Anamnese gar nicht berührt worden; die Vollständigkeit der
Anamnese ist immer mehr oder minder eine Sache des Zufalls.
Ein lehrreiches Beispiel verdanke ich einer brieflichen Mitteilung
von Matth. J. Stewart. Ihm war ein Mann zur Sektion gebracht
worden, über dessen Todesursache man sich nicht klar werden
konnte. Es stellte sich heraus, daß er an Asbestosis verstorben
war. Damit hatte niemand gerechnet; denn mit Asbest hatte
dieser Mann nie etwas zu tun gehabt — aber er hatte unfern einer
Asbest verarbeitenden Fabrik gewohnt.

Selbst einer gründlichen Berufsanamnese kann es verborgen
bleiben, daß an dem Betriebsstaub Asbest beteiligt gewesen ist.
Marchand [12] hat schon 1906 „über eigentümliche Pigment-
kristalle in der Lunge" berichtet. Er hat beobachtet, daß eine

„farblose Substanz" die einzelnen Glieder dieser vermeintlichen Kristalle verbindet. An Asbest zu denken, lag ihm jedoch zu fern; denn sein Fall kam aus einer Farbenfabrik — einem Betrieb allerdings, in dem auch feuerfeste Farben hergestellt wurden. Daß für feuerfeste Farben Asbest als Füllmaterial verwendet worden ist, hat offenbar niemand erwähnt oder bedacht.

Diese beiden Fälle sind sehr extrem. Man hört aber auch sonst, daß Asbestosiskörperchen gefunden worden sind, wo man sie nicht erwartet hat. So erzählte mir Herr di Biasi vor langer Zeit, daß er in Staublungen von Bergleuten gelegentlich „einzelne Gebilde gesehen hat, die wie Asbestosiskörperchen aussahen". In einem Brief vom 27. 4. 42 erinnerte er sich daran in dem soeben angeführten Satz und fuhr fort: „Ich habe seit unserm Gespräch vereinzelt wieder derartige Gebilde gesehen."

Vereinzelt kommen sie also in Bergmannsstaublungen vor. Vereinzelt, ja selten sind sie in unserem Falle P-317/41. Diese Feststellung steht in gutem Einklang mit den Umweltbedingungen, unter denen wir leben. Asbest ist ein in der Technik weitverbreitetes Material. Es wird kaum einen Haushalt geben, in dem nicht irgend etwas Asbesthaltiges vorhanden wäre. Selbst auf der Straße gibt es Gelegenheit zur Einatmung einiger Asbeststäubchen. Es wird sich aber immer nur um vereinzelte Partikeln handeln, die in einer Lunge zu suchen eine Aufgabe wäre! Immerhin kommen Beintker und Meldau [7], die einmal zu ihrem Erstaunen eine Diatomee gefunden hatten, wo keine zu erwarten war, zu dem Schluß: „Es ist Tatsache, daß man in diesen Feinstäuben ein Sammelsurium aller eingeatmeten Mineralreste findet." Selbstverständlich will ich nicht sagen, daß jedermann Asbeststaub einatmen müßte. Die Wahrscheinlichkeit ist sehr verschieden groß. In unserm Falle P-317/41 kann ich mir leicht vorstellen, daß der Mann einmal einer Wolke von Asbeststaub ausgesetzt gewesen ist. Kieselgur und Asbest sind Isoliermittel. Sie werden oft zusammen verarbeitet. Transportiert werden oder wurden sie wenigstens früher in Säcken. Wie leicht ist es möglich, daß bei der Rücksendung von Gursäcken einige Säcke, in denen sich Asbest befunden hat, unter die Gursäcke geraten. Vor der Wiederverwendung werden sie ausgeschüttelt — und dabei gibt es eine Asbeststaubwolke, aus der vereinzelte Asbeststäubchen in die Lunge des Arbeiters geraten, je nach der unterschiedlichen Atemtiefe in diesen oder jenen Bezirk, so daß man später — wie im Falle

P-317/41 — Asbestosiskörperchen hier etliche, dort wenige, da überhaupt keine findet. Angesichts der unregelmäßigen Verteilung und namentlich im Hinblick auf die Seltenheit der Asbestosiskörperchen halte ich es im vorliegenden Falle für gar nicht unwahrscheinlich, daß es sich um eine einmalige, zufällige Einatmung von Asbeststaub gehandelt hat.

Auf jeden Fall ist es sicher, daß in der Lunge des Falles P-317/41 echte Asbestosiskörperchen vorhanden sind. Die Annahme von Pseudoasbestosiskörperchen erübrigt sich daher. Bei der einen Gruppe, der ohne Achsen, handelt es sich um pflanzliches Material aus der Rohgur, bei der anderen, mit Achsen, um vollkommen der Definition entsprechende Asbestosiskörperchen.

VII. Zusammenfassung und Zusätze

I.

1. Es werden die allgemeinen Bedingungen erörtert, die zur Bildung von Staublungenkörperchen führen können, wobei unter solchen Körperchen Aggregate zu verstehen sind, die ein eingeatmetes Staubteilchen als Kern und einen mikroskopisch sichtbaren Niederschlag organischen, aus der Gewebsflüssigkeit stammenden Materials als Hülle haben. Als Modelle für derartige Gebilde können die Asbestosis- und Anthrakosiskörperchen gelten.

2. Die Bildung von Staublungenkörperchen geschieht durch Adsorption. Hohes spezifisches Adsorptionsvermögen ist Grundvoraussetzung für den Aufbau von Körperchen. Demgemäß ist zu erwarten, daß je nach der Staubart die Hüllen stofflich und mengenmäßig sehr verschieden ausfallen mögen, wie das bei Asbestosis- und Kohlekörperchen überaus augenfällig ist. Keinesfalls genügt zur Körperchenbildung die Adsorption im üblichen Sinne der Kolloidchemie, wobei es sich durchweg um dünne, bestenfalls einige Ångströmeinheiten umfassende, im Grenzfall monomolekulare Schichten handelt. Hier hingegen müssen mikroskopisch sichtbare Massen angelagert werden, wozu in der Gewebsflüssigkeit große Moleküle, wie etwa die Eiweißstoffe, verfügbar sind. Nicht alle Adsorbentien sind imstande, solche Riesen zu bewältigen. Die Bedingung, daß sichtbare Hüllen adsorbiert werden müssen, setzt der Mannigfaltigkeit der Körperchenbildung enge Grenzen. Nur wenige Staubarten werden befähigt sein, sich zu Körperchen auszugestalten.

3. Im Falle der Asbestosiskörperchen findet polare Adsorption statt. Die Chrysotilnädelchen geben ihre Kationen an die Gewebsflüssigkeit ab, das aus Kieselsäuretetraedern aufgebaute Anionengerüst bleibt bestehen. Seine negative Aufladung wird durch die hohen positiven Ladungen von namentlich Eiweißionen oder -dipolen, daneben etwas Eisenhydroxyd abgesättigt. Die starken und über längere Zeit hinweg bestehenbleibenden Kraftfelder führen zur Anlagerung der mächtigen Hüllen. Das Vorkommen von polar adsorbierenden Staubarten ist in Industriebetrieben offensichtlich äußerst begrenzt; sonst hätte man längst eine größere Vielfalt von Körperchenarten gefunden, die in der Ausbildung ihrer Hüllen wenigstens einigermaßen an die Asbestosiskörperchen herankämen. Es scheint, als stünde der Chrysotilasbest einzigartig da. Doch sei sogleich daran erinnert, daß es auch andere Ionenaustauscher gibt, wie Kaolin, Bolus, Zeolithe und Permutite. Den Asbestosiskörperchen vergleichbare Körperchen scheinen jedoch noch nie beobachtet worden zu sein.

4. Die Körperchen mit Kohlekern sind kennzeichnend für die Ausgestaltung von Körperchen durch apolare Adsorption. Die gerüstbildenden Staubteilchen enthalten keine freien oder frei werdende Ionen. Nur die Restvalenzen der Oberfläche sind für die Adsorption nutzbar. Von so bescheidenen Kräften kann man nicht die Aufhäufung massiger Hüllen erwarten. Daher gewinnt anstelle der Oberflächengröße die Oberflächenform an Bedeutung; je mehr Spitzen, Schneiden — allgemein: stark gekrümmte Formen, desto höher die Grenzflächenaktivität. Dementsprechend ist zu erwarten, daß sich bei apolar adsorbierenden Staubteilchen, wenn überhaupt, dann nur dünne, selten rundum geschlossene, recht unregelmäßig umgrenzte Adsorptivhüllen ansetzen, wie denn auch in Anthrakosislungen nur eine vergleichsweise geringe Anzahl von Kohlestäubchen Adsorptiv trägt, und dies in der Hauptsache an zerschlissenen, faserigen Randpartien, kaum je an glatten Flächen. Bezeichnend für das geringe Adsorptionsvermögen ist, daß bei Körperchen mit Kohlekern die Adsorption umkehrbar ist; beim Übertritt solcher Körperchen in das Interstitium geht das Adsorptiv wieder in Lösung. In ähnlichem Sinn wie die stark gekrümmten Oberflächenpartien können bei manchen apolaren Adsorbentien Verunreinigungen wirken, die ihrerseits austauschbare Ionen enthalten wie dies beispielsweise etlichen Kohlen zugeschrieben wird.

5. Nicht jede Ausscheidung um eine Staubpartikel kann als „Körperchen" gelten. Wie z. B. Nieren- oder sonstige Steine dartun, können gewisse, in der Körperflüssigkeit gelöste Stoffe ihre Sättigungsgrenze erreichen und überschreiten. Dann kann bekanntermaßen die Ausscheidung durch irgendwelche andersartigen, festen Teilchen gefördert werden. Das kann indes jedes Stäubchen sein. Die Ausscheidung würde dann in ein und demselben Bildungsraum hier um ein Ruß-, dort um ein Mineralflitterchen, da um ein pflanzliches Pollenkörnchen erfolgen können. Bei Staublungenkörperchen handelt es sich jedoch um hüllende Niederschläge auf einer spezifischen Staubart, die der Körperchenart ihr besonderes Gepräge und auch den Namen verleiht.

6. Bei Asbestosiskörperchen wirkt das Adsorptiv durch seine hohe positive Ladung fördernd auf die Lösung des Kieselsäuregerüstes des Asbests. Bei Gurkörperchen wäre das infolge des apolaren Verhaltens nicht zu erwarten. Im Gegenteil — das Adsorptiv würde hier sicherlich die Lösung hemmen, weil es die Diffusion von Lösungsmittel und Gelöstem erschwert. Der Ablauf der Krankheitserscheinungen würde verzögert werden.

II.

1. Voraussetzung für jegliche Adsorption und damit Körperchenbildung ist, daß zwischen Löslichkeit und Adsorptionsvermögen des Adsorbens ein günstiges Verhältnis besteht: Die Adsorptionsgeschwindigkeit muß die Lösungsgeschwindigkeit übertreffen.

2. Für die Beurteilung, wieviel Wahrscheinlichkeit der Bildung von Gurkörperchen zuzumessen sei, ist es daher von erheblicher Bedeutung, ein wenigstens einigermaßen brauchbares Bild von der Lösungsgeschwindigkeit der Diatomeenschalen zu gewinnen.

3. Zwar nur mit Vorbehalt, aber immerhin läßt sich aus Nordmanns Angaben schätzen, daß in den Lungen, die nach ein oder zwei Jahren nach der letzten Staubbeatmung untersucht werden konnten, mit $n \cdot 10^4$ Diatomeenresten auf dem Quadratzentimeter Lungenfläche zu rechnen ist, wobei n höher als 3 sein kann; doch fehlen für sichere Abschätzung hinreichend genaue Angaben.

4. Demgegenüber enthält der Fall P-317/41, bei dem der Tod 7 oder 9 Jahre nach Beendung der Arbeit im Gurbetriebe eintrat, nur noch höchstens einen einzigen, stark korrodierten Diatomeen-

rest auf dem Quadratzentimeter Lungenfläche. Ebenso verhält es sich nach Nordmanns Angaben bei dem anderen „langfristigen Fall", mit 5 Jahren Zwischenraum zwischen letzter Staubbeatmung und Tod.

5. Daraus errechnet sich, daß im Laufe von weniger als 10 Jahren die eingeatmeten Diatomeen bis auf den unansehnlichen Rest von 10^{-2}% ihrer ursprünglichen *Anzahl* aufgelöst worden sind. Auf das Gewicht bezogen würde der Prozentsatz noch niedriger sein.

6. Dieser Sachverhalt ist nicht erstaunlich: Ergebnisse experimenteller Untersuchungen (Tabelle 2—4) lehren, daß sich Kieselgel in destilliertem Wasser schon an einem Tage in nicht unbedeutender Menge löst. Nach Analogie des Verhaltens von Quarz würde die Löslichkeit in Ringerlösung und somit gewiß auch in Gewebsflüssigkeit noch höher zu veranschlagen sein.

7. Aus alledem ist zu entnehmen, daß für die Bildung von Gurkörperchen keine günstigen Vorbedingungen bestehen: die hohe Grenzflächenaktivität der stark gekrümmtem Oberflächenelemente der Diatomeenschalen führt, wie auch die Beobachtung unmittelbar gelehrt hat, zu rascher Auflösung, nicht jedoch zu Adsorption.

8. Im Einklang damit ist es mir nicht gelungen, auch nur ein einziges Aggregat aufzufinden, in dem ein Diatomeenrest von einem Adsorptiv umhüllt gewesen wäre.

III.

1. Was sind dann die „zerteilten Torten", „dreiblättrigen Blüten", „braunen Schollen", „runden, in konzentrischen Ringen geschichteten Gebilde", die Nordmann sorgfältig beobachtet und als Gurkörperchen angesprochen hat?

2. Es kann sich nur um etwas Spezifisches handeln, was nicht jedermann, sondern nur eben ein Kieselgurarbeiter einatmet; um etwas, was in der Gur enthalten ist.

3. In den unteren Horizonten ist den Gurlagern viel organische Substanz beigemengt, Reste aus dem Lebensbereich des Ablagerungsbezirkes. Die Untersuchung solcher Gurproben zeigte fast in jedem Sehfeld des Mikroskops Material, das sich mit Nordmanns Beschreibung der Gurkörperchen in Einklang bringen ließ. Eine kleine Auswahl davon ist in den hier beigegebenen Ab-

bildungen enthalten. Das Material scheint in der Hauptsache pflanzlicher, selten tierischer Herkunft zu sein.

4. Auch in den mir vorliegenden Lungenschnitten des Falles P-317/41 finden sich Partikeln, denen sich Organismenreste aus den Gurlagern vergleichbar zur Seite stellen lassen. Es bleibt keinem Zweifel Raum, daß das, was Nordmann als Gurkörperchen ansah, Staubteilchen aus den unteren Horizonten der Lager sind.

IV.

1. Genau dasselbe gilt für die „Pseudoasbestosiskörperchen", soweit sie keinen Asbestfaden als Gerüst haben.

2. Nordmanns „Pseudoasbestosiskörperchen" mit zentralem Faden sind echte Asbestosiskörperchen. Das tragende Skelet ist Chrysotil. Die Art dieses Serpentinasbestes konnte trotz der Seltenheit der Körperchen beim Fall P-317/41 kristalloptisch einwandfrei festgestellt werden.

V.

1. Nordmann hat sehr scharf beobachtet; es ist ihm nur die rechte Deutung nicht eingefallen. Die Gurkörperchen können aus der Liste der Staublungenkörperchen gestrichen werden. Es handelt sich um eingeatmeten Rohgurstaub.

Literatur

1. Beger, P. J.: Über die Asbestosiskörperchen. Virchows Arch. path. Anat. **290**, 280—353 (1933).
2. — Weiteres über die Asbestosiskörperchen. Virchows Arch. path. Anat. **293**, 530—539 (1934).
3. — Über den Schädigungsfaktor bei Asbestosis und Silikosis. Med. Klin. Nr. 37/38, 1222—1261 (1934).
4. — Neue Beobachtungen an Asbestosiskörperchen. Arch. Gewerbepath. Gewerbehyg. **6**. 349—392 (1935).
5. — Mineralogische und chemische Beiträge zur Kenntnis beruflich erworbener Lungenfibrosen. Verhandl. d. Dtsch. Ges. für Pathologie, 33. Tagg in Kiel, 7.—10. Juni 1949. Stuttgart: Piscator-Verlag.
5a. — Mikroskopische Nachprüfung einer quantitativ-chemischen Bestimmung von Quarz neben Silikaten. Freiberger Forschungshefte, Bd. 37, Teil I, S. 140. Berlin: Akademie-Verlag 1959.
6. Beintker, E.: Arch. Gewerbepath. Gewerbehyg. **11**, 345 (1931).
7. — Meldau, R.: Elektronenoptische Befunde an Silikosen. Beitr. Silikoseforsch. H. 5, 15/16 (1949).
8. Braß, K.: Über Eisenpigmentinkrustationen um Kohlestäubchen in menschlichen Lungen. Frankfurt. Z. Path. **58**, 484—502 (1944).
9. Dammer, B., Tietze, O.: Die nutzbaren Mineralien. 2 Bde. Stuttgart: Enke 1913 und 1914.

10. Fahr, Th.: 11. Sitzg des Ärztl. Vereins Hamburg vom 3. 3. 1914. Münch. med. Wschr. 625 (1914).
11. Freundlich, H.: Kapillarchemie, 2. Aufl. Leipzig: Akad. Verlagsgesellschaft 1922.
12. Marchand: Zit. nach Wedler, H.-W., Arbeit u. Gesundheit H. 34. Leipzig: Thieme 1939.
12a. Gardner, L. U., Cummings, D. E.: Inhalation of asbestos dust, its effect upon primary tuberculous infection. J. industr. Hyg. **13**, 65 (1931).
13. Nordmann, M.: Die Staublunge der Kieselgurarbeiter. Virchows Arch. path. Anat. **311**, 116—148 (1943).
14. Schuster, N.: J. Path. Bact. **34**, 751 (1931).
14a. Simson, F. W.: Ann. Rep. S. African Inst. for Med. Research 1929.
15. Söffge, K.-H.: Beiträge zur Kenntnis der Flußspatarbeiter-Silikose. Diss. Hannover 1956.
16. Stewart, M. J.: The immediate diagnosis of pulmonary asbestosis at necropsy. Brit. med. J. **1928 II**, 509.
16a. — Asbestosis bodies in the lungs of guinea-pigs after three to five months exposure in an Asbestos factory. J. Path. Bact. **33**, 848 (1930).
17. Sundius, N., Bygdén, A.: Der Staubinhalt einer Asbestlunge und die Beschaffenheit der sog. Asbestosiskörperchen. Arch. Gewerbepath. Gewerbehyg. **8**, 26—70 (1937).
18. Tylecote, Dunn: Case of asbestos-like bodies in the lungs of a coal miner who had never worked in asbestos. Lancet **1931 II**, 632.
19. Werner, H.: Die Lüneburger Heide und ihr Untergrund. Aufschluß **2**, 67 (1951).

Herr Professor Dr. P. J. Beger hat leider das Erscheinen dieser Arbeit, deren Fertigstellung während vieler Jahre sein besonderes Anliegen war, nicht mehr erlebt. Er ist am 5. 3. 1970 nach kurzer Krankheit im 84. Lebensjahr verstorben.

Sitzungsberichte

der

Heidelberger Akademie der Wissenschaften

Mathematisch-naturwissenschaftliche Klasse

Jahrgang 1969/70

Springer-Verlag Berlin Heidelberg New York 1970

ISBN-13: 978-3-540-05014-8   e-ISBN-13: 978-3-642-46239-9
DOI: 10.1007/978-3-642-46239-9

INHALT

Jahrgang 1969/70

Universitätsdruckerei H. Stürtz AG, Würzburg